灵感工匠系列 10

釉 II

——技法、配方、修缮与烧成

加布里埃尔·克莱恩（GABRIEL KLINE） 著

王 霞 译

上海科学技术出版社

图书在版编目（CIP）数据

釉. II，技法、配方、修缮与烧成 / （美）加布里埃尔·克莱恩（Gabriel Kline）著；王霞译. -- 上海：上海科学技术出版社，2020.10（2022.8重印）
（灵感工匠系列）
ISBN 978-7-5478-5053-4

Ⅰ. ①釉… Ⅱ. ①加… ②王… Ⅲ. ①陶釉－基本知识 Ⅳ. ①TQ174.4

中国版本图书馆CIP数据核字(2020)第156677号

釉Ⅱ
——技法、配方、修缮与烧成
加布里埃尔·克莱恩（GABRIEL KLINE） 著
王 霞 译

上海世纪出版（集团）有限公司
上 海 科 学 技 术 出 版 社 出版、发行
（上海市闵行区号景路159弄A座9F-10F 邮政编码 201101 www.sstp.cn）
上海雅昌艺术印刷有限公司印刷
开本 889 × 1194 1/16 印张 12.5
字数 300 千字
2020 年 10 月第 1 版 2022 年 8 月第 2 次印刷
ISBN 978-7-5478-5053-4/TQ · 12
定价：198.00 元

序

三十多年前我刚开始学习陶艺的时候，专门讲解釉料的书籍为数甚少。丹尼尔·罗德斯（Daniel Rhodes）撰写的《陶艺师的泥料和釉料》、罗宾·霍珀（Robin Hopper）撰写的《陶瓷光谱：一条提升釉色的捷径》、格伦·尼尔森（Glenn Nelson）撰写的《陶艺师手册》（我大学时代的教科书），堪称此领域的经典著作。除了上述三本书之外，我手上还有一本积满尘土、破旧不堪的 1954 年版《陶瓷月刊》，这些就是我当年获取陶艺知识的主要来源和全部资料。资料虽然少得可怜，但很开心，参考这些资料，我做了无数次釉料测试，对于深入了解釉料帮助极大。与此同时，我也一直在寻找新的、能更好地解释釉料奥秘的书籍。我通过馆际互借方式搜索一切可以找到的资料，涉猎的范围包括缩印转载的论文、鲜为人知的外文书籍及杂志。

今天的陶艺师遇到的问题与我当年完全相反，我们的指尖连接着海量的信息和资源，过度庞大的信息量使我们很难找到出发的路径，更不要说从中判断哪些是最重要的。书籍、杂志和手机上充斥着从人类数千年历史长河中遴选出来的、最珍贵的陶瓷佳作图片，看到这些资料后，我们很期待能在自己的窑炉中复制出同样的釉烧效果。因此，我们查阅该釉料的名称及其配方，

但随后就会发现，仅仅获取配方这一项信息是远远不够的，还必须复制出适用于该配方的、复杂的施釉步骤才行。

想象一下，当你想为朋友或者家人做一个精美的生日蛋糕，通过网络在上百例附带着图片的蛋糕食谱中最终选定了一例，当你准备动手做时，却只查到一份食材配料清单，这时你会有什么样的感受？怎么混合配料、需要什么类型的锅、是否应该抹油、烘烤的温度及时间、烤箱的类型等问题全部没有说明。在这种情况下，恐怕得花上一个月的时间，经过反复试验之后才能做出一个比较像样的蛋糕，而这个蛋糕离最初选定的那个理想中的蛋糕相差甚远。

这就是陶艺师们面临的难题——釉料配方仅仅是一份配料清单而已。你必须知道如何混合配料，如何过滤釉液，应该选用哪一种方式施釉（蘸釉、淋釉、涂釉、喷釉）；你必须知道坯体的素烧温度，所选坯料的类型，应该选用哪一种装饰方法（釉下彩、泥浆、封面泥浆），釉液的黏稠度，将釉液存放在桶中多长时间之后才能获得最佳的装饰层厚度，以及最佳的烧成效果……等你了解上述种种信息之后才能进行下一步操作，此时你必须知道如何烧窑，包括测温锥、烧成速度及降温速度，只有对上述一切都了然于胸才有可能获得想要的釉烧效果。

作者在书中介绍了众多技法和注意事项，其中就包括上述内容。他详细解释了各种难以表述的变量因素，以及如何控制它们（举一个最好的例子，请参阅本书30页作者对比重的论述）。你应当把注意力集中在如何获得有趣的釉面上，而不仅仅是将作品浸入釉桶里3秒钟，之后静待奇迹发生。作者在书中展示了各种各样的施釉方法，可以凭借它们创造出无限种釉面效果，而不仅仅拘泥于复制某些能激发你灵感的装饰纹样。

我们通常会错误地认为，只要对釉料化学，特别是统一分子式等理论方面的知识做到了如指掌，就可以研发出任何一种想要的釉料。但事实上，陶艺师只有通过实践才能找到自己的风格。必须在工作中投入精力，找到让自己感兴趣的点，并在该方向的指引下尝试创造新事物。例如，尼克·摩恩（Nick Moen）的水晶釉（参见104页相关内容）就不是在化学实验室里有计划地研发出来的，而是在他忙碌的日常制陶生活中“被发现”的——某次烧窑时遇到了一些突发情况，不得不快速降温，而烧成结果却令他倍感意外和惊喜。

作者在书中列举了大量釉料配方、施釉方法和烧成方法，以及众多能带给读者无限创作灵感的图片资料。这本书或许仍无法解决由釉料、泥浆、施釉方法、烧成周期等一系列因素掺杂糅合在一起进而引申出来的面对海量信息无所适从的现代行业难题，但是却为广大陶艺师提供了一个导向系统，在它的指引下，你可以找到自己的风格，从而迈向成功之路。

来吧，让我们一起学习釉料吧！

——约翰·布里特（John Britt）

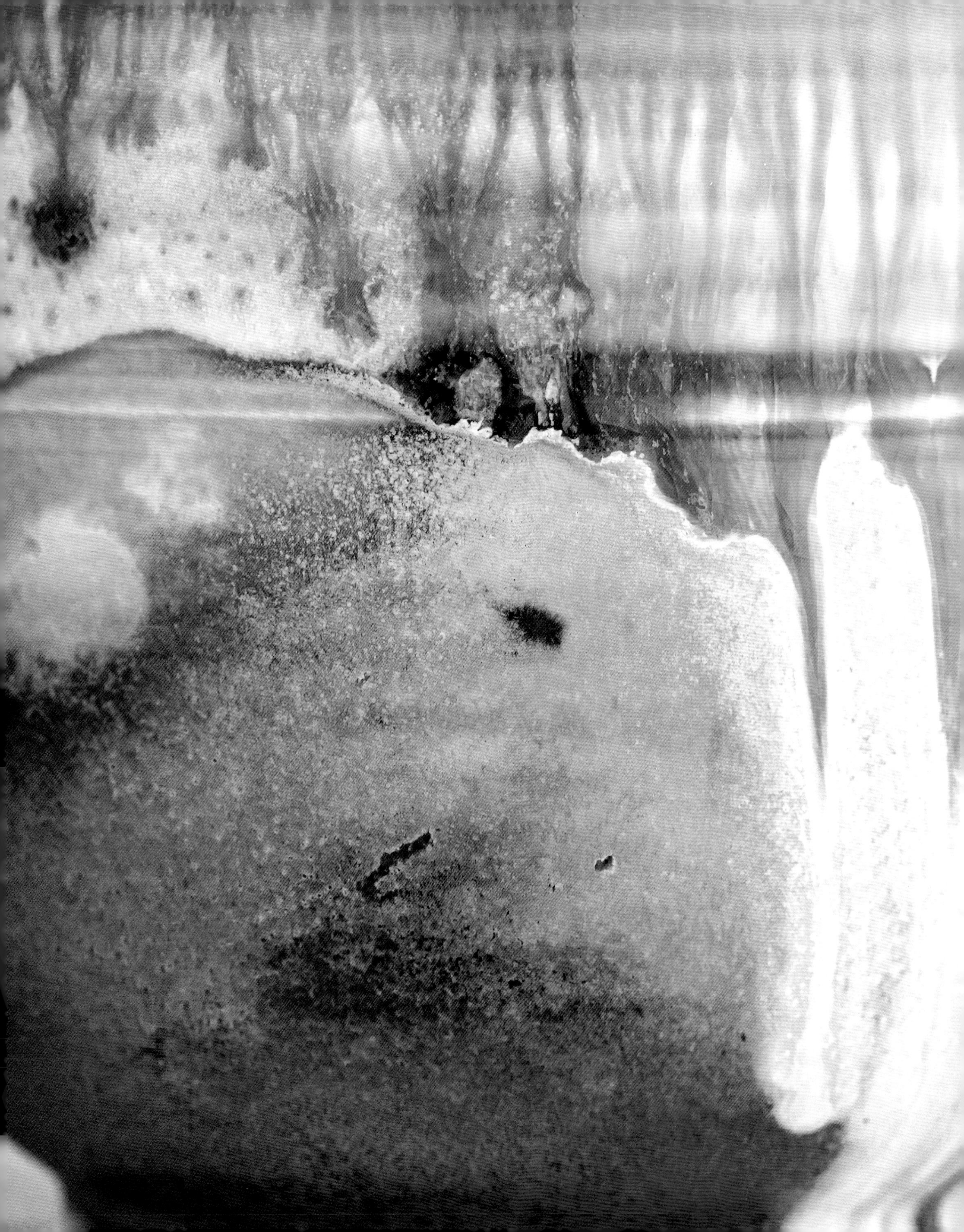

前　言

对于陶艺师而言，出窑的时候就是见证奇迹的时刻。在那一刻，你的全部身心都彻底被硼板上那些器皿所呈现、反射出来的炫丽釉色包围。遇到理想的烧成结果时，我们会小心翼翼地从窑炉内把作品一件件取出来，仔细琢磨每种釉色变化的微妙之处，还不忘把朋友们都叫过来欣赏一番。作为陶瓷艺术家，这一刻是我们追求的“至上”时刻。作为人，我们为自己能够创造出美好的事物而心生喜悦。

与之相反，遇到糟糕的烧成结果时，陶艺师一天的好心情都会被毁掉。面对失败的结果，为创造美好事物而做出的所有尝试似乎都是在浪费时间和精力。当我们质疑自身的能力、表现出厌恶的反应、用恶言恶语描述结果时，上述种种表现只会令我们的心态更加消极。

奥德赛陶瓷学校坐落在北卡罗来纳州的阿什维尔山区里，数年教学让我们经历了各种各样的时刻——既有狂喜，也有痛苦。作为陶艺教学机构，我们的使命是尽可能减少尝试过程中的失败，我们的目标是让学生掌握创造陶艺“魔法”时所需要的信息。

《釉Ⅱ——技法、配方、修缮与烧成》是十多年制陶经验、数百个班级、数千次烧窑数据等各项成果融合的结晶。对于陶艺初学者而言，这是一部优秀的启蒙读本；经验丰富的陶瓷艺术家也可以从中学习新的技法及新的釉料配方。除了系统讲解釉料的整体操作程序之外，还会对其背后所涉及的化学知识加以简要介绍（别担心，不是化学专业也能读懂），借此消除部分读者对于釉料所抱有的错误认知，帮助他们对该领域内叱咤风云的陶瓷艺术家们有更加深入的了解。最后，书中会介绍很多种经过精心遴选和全面测试的釉料配方，你可以根据自己的喜好做出选择，并在工作室内逐一尝试。

有人把釉料视为制陶的后续工作，认为其存在的意义不过是锦上添花而已，而我们要做的是从釉料本身入手，深入挖掘隐藏其中的深层乐趣。相比釉料而言，许多陶艺初学者更关注作品的形体——这种想法也没有错——釉料是陶瓷艺术重要且必要的组成部分。釉料令作品外观呈现出更加丰富多彩的面貌。有人认为釉料本身很无趣，我的目标就是消除人们的这种误解。让我们在学习釉料的过程中始终抱以冒险的、轻松的、充满期待的心情吧！

通读本书之后，你可以借助所学知识创造出惊人的、可复制的釉烧效果，每一位看到你作品的观众都会发出由衷的惊叹，和你共处一室的工作伙伴会向你讨教成功的秘诀。在探索原料和实际操作的过程中，建议你大胆一些，要敢于冒险。把每一次实验都详详细细地记录下来，确保在每次烧窑时都尝试一些新的东西，并与工作伙伴分享每一次结果，通过求索拓展你的职业领域。

能够陪伴你一起走这条学习之旅是我的荣幸，祝旅途愉快！

——加布里埃尔·克莱恩（Gabriel Kline）

釉料会令陶瓷作品锦上添花！图中的复合釉名为“苔原日落”，参见 63 页相关内容。

目录

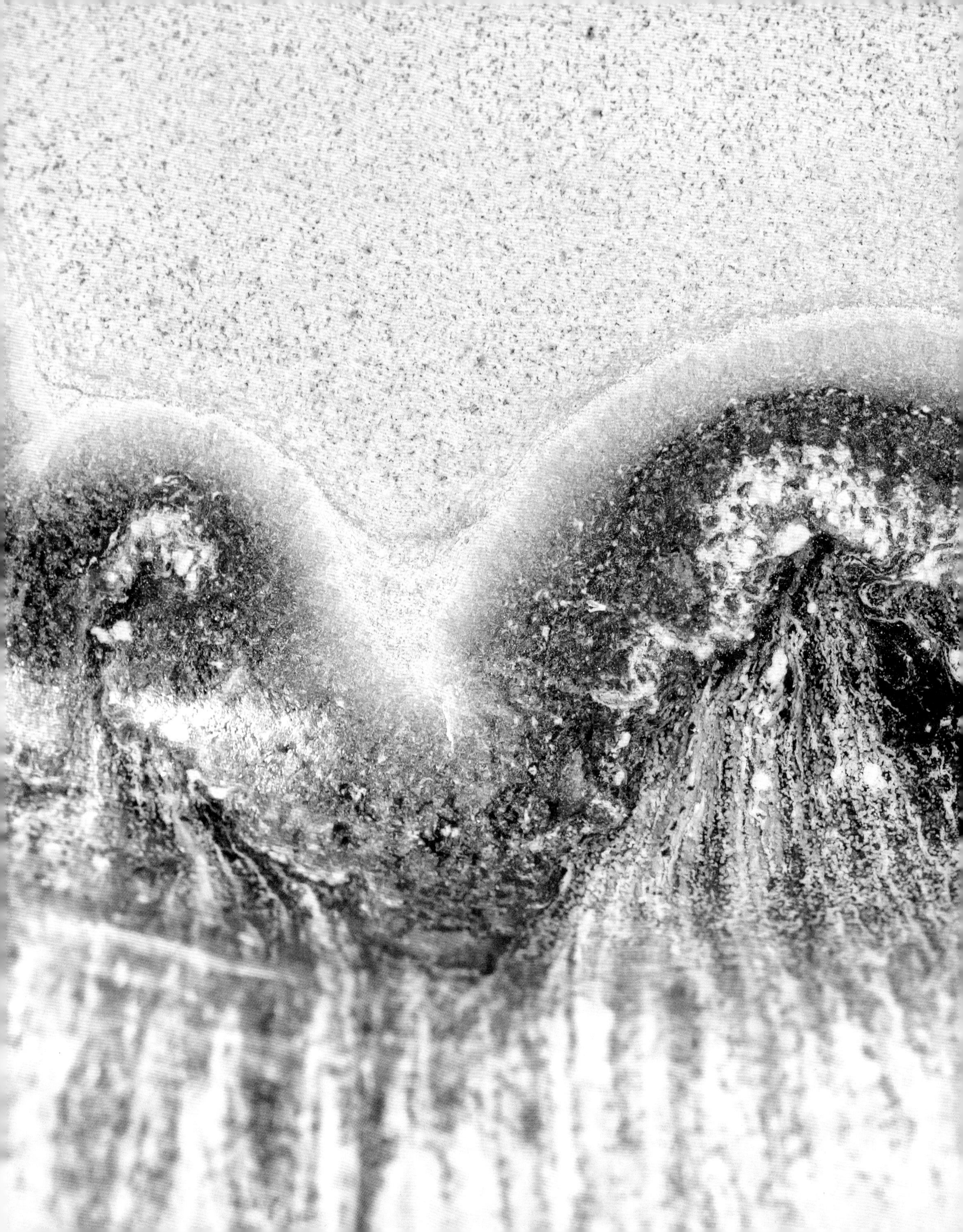

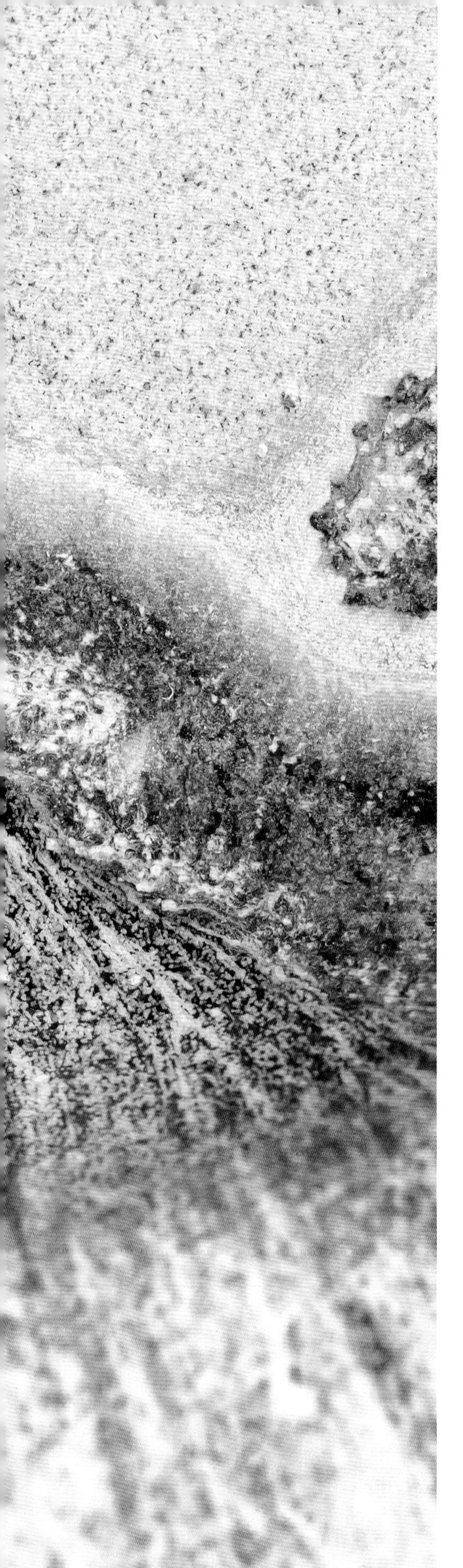

第一章

制备釉料

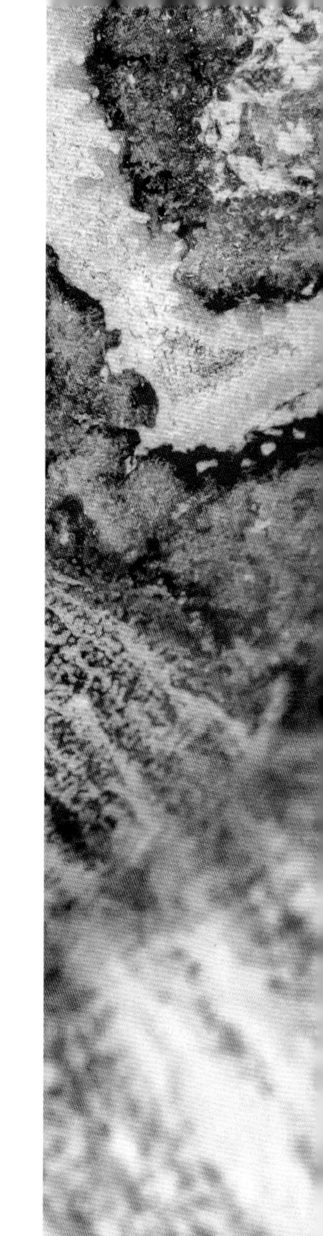

我把工作室里陈列釉料的区域称为釉料“厨房”。虽然这个区域内既没有食物也没有饮料，但将其命名为“厨房”却有一个很好的理由，那就是任何一间陶艺工作室的釉料区域都应该像厨房那样去设置。你需要将准备区域和流动作业区域清晰地划分开来，以便多人同时工作时彼此之间不会相互妨碍。设计该区域时应该同时考虑安全和效率。在本章中，我们将学习如何设置釉料区域，一个完美的釉料区域可以使工作流程自然通畅，既安全又能降低人的身体劳损。除此之外，还会介绍一些制备釉料的必备工具，以及其他有趣的东西！

要想获得理想的釉烧效果，需要了解什么是釉料、如何制备釉料、如何评估釉料，以及如何测试釉料。当然，还需要知道如何阅读釉料配方。或许熟知釉料知识的专家们会觉得驾轻就熟，但我仍然建议你浏览一下这部分内容，因为即便是经验丰富的专家，也极有可能在阅读过程中收集到一些新的想法或者发现一些绝佳的实验素材。令人惊讶的是，陶艺师们很少在工作室内使用液体比重计（参见20页相关内容）。对于刚刚踏上釉料学习之旅的初学者而言，本章是必读项目。让我们开始“烹饪”吧！

釉料“厨房”

既然用到了“厨房”这个词，那就表明我们会在这个区域内“烹制”些什么东西出来。事实也是如此，我们可以把操作釉料的整个过程想象成为丰富作品外观效果而精心筹备的一场视觉盛宴。着手设置一间釉料“厨房”，不但可以使工作流程自然通畅，还可以使你的工作愉快、轻松且高效。正如技艺精湛的厨师能在厨房里优雅、高效地烹饪一样，我们也应该学会在釉料“厨房”里和各类原料和谐共舞。虽然刚开始时你可能会觉得自己的舞步杂乱无章，但很快你就能在通往窑炉的道路上流畅地做起皮鲁埃特旋转（芭蕾舞动作名）了，想想弗雷德·阿斯泰尔（Fred Astaire）和金吉尔·罗杰斯（Ginger Rogers）。

安全且慎重地使用原料

陶艺知识误区 #447：陶艺创作对自然环境造成的影响微乎其微。

虽然陶艺从业者和陶瓷艺术家们在环保领域享有不错的声誉，但正所谓拉捋自坏，无法否认，在漫长的人类发展史上，我们正是最早一拨破坏生态环境的人。数千年以来，陶瓷艺术家们不断地从地表下开采各种原料，消耗和燃烧其他自然资源（包括煤、天然气、木材和石油），同时往大气中排放包括一氧化碳在内的各类有毒化学物质。我之所以提到这一点，并不是要劝阻你放弃学习陶艺，而是为了让你对陶艺有一个新的认识，明白这个行业会对生态环境造成影响。当我们接受了这种观点，在工作过程中就会更加注重对生态环境的保护，在使用材料的过程中就会更加负责，并积极寻找一些措施来降低对环境的影响。现在有很多针对碳排放而制定的弥补项目，例如 TerraPass 之类的都可以考虑，该项目能计算出烧窑过程中所产生的碳排放量，捐赠相应的资金，以减轻温室效应的影响。我想鼓励所有陶瓷艺术家在职业生涯中的某个时刻，以某种方式保护生态环境，比如种植一些树木。

除了要知道陶艺会对生态环境造成影响之外，更重要的是必须认识到，在接触釉料的过程中很多配釉原料都可能对你自身的健康造成危害，这绝非耸人听闻。许多原料致癌，长期接触某些原料会对人体造成极大的危害，就连二氧化硅这种所有黏土和釉料中都包含的物质，其本身也是有毒的。有些原料具有可溶性，能够溶解于水并通过皮肤侵入人体血液）。还有一些原料是剧毒物质，例如碳酸钡，区区 5g 碳酸钡就足以致命。

但是，只要做好以下各项预防措施，接触配釉原料时就不会有任何安全隐患：

- 在称量、移动或混合原料干粉时，务必佩戴由职业安全与健康管理机构认定并推荐使用的防尘口罩或防毒面具。
- 在未佩戴乳胶或橡胶手套的情况下，不得将手直接浸入釉液中。许多物质具有可溶性，它们可以通过皮肤侵入你的血液。
- 将所有原料干粉储存在带盖容器中。从敞开的门外吹进来的一阵风，甚至是工作室里的风扇扇起来的一股风，都会导致有害物质污染空气。
- 当釉液不慎溢出或飞溅到容器外时，应立即用水清洗干净；为避免扬尘，不要用扫把扫原料干粉；接触配釉原料时不要吃东西或吸烟。

处理釉料废物

在清理溢出的釉液、清洗工具或者冲洗一件外表面已经施釉的作品时，很容易把釉料废物倒进水槽里，之后便忘了这件事。在大多数情况下，这些釉料废物会从地表下汇入江河、溪流或者溶入地下水中。这些水体极有可能是所在地区饮用水的来源，去除其中的有害物质需要水处理厂消耗额外的能源。因此，建议大家在水槽下面安装（或在工作室里安装）一个自制的过滤装置，尽可能地阻止釉料废物进入下水道。图中的过滤装置主体是一个底部带轮子的巨大金属水槽，其上方设有排水管。过滤并收集釉料废物的区域位

分门别类及使用带盖容器存放配釉原料是保证釉料厨房安全的两条关键守则。

安装在工作室水槽下面的过滤装置可以起到收集釉料废物的作用，防止它们流入下水道。

于金属水槽的底部，需定期收集沉积的废物。可以按照以下几种方法处置这些釉料废物：

- 用 80 目的过滤网过滤，并将其作为一种特殊的神秘釉料储存起来，以备日后测试。由于每次清洗都是随机的，所以从中获得的神秘釉料的化学成分也是无法确定的，但毫无疑问的是，你最终会得到一种从未见过的釉料。在做出其他选择之前，这种釉料同样值得一试，这也是奥德赛陶瓷学校做釉料测试时的首选方案。
- 将一部分釉料废物收集起来，放进坩埚中入窑烧制。用高温黏土制作坩埚，器壁要足够厚实。放入坩埚的釉料废物上表面以达到坩埚整体高度的 2/3 为宜。烧成温度为配釉原料的熔点温度，该温度可以使各类原料具有惰性。
- 最后一项选择是将釉料废物弃置于市政垃圾填埋场，但这种处理方法有可能形成径流，从而导致有害物质侵入地下水或者地表水。

以获取最高效率为目的的设计

在设计釉料“厨房”时，你最先想到的很可能是像建筑师画蓝图那样，用鸟瞰图的形式

可以为盛放釉液的大桶专门定制一些小滑板，以便于移动。

将其画出来。先把工作室尺寸测量并记录下来，然后画一个等比例缩小的平面图，接下来就可以往里面添加内容了。你需要设置一个足够大的工作区域，为桶和其他工具设置一个放置区域，以及为原料干粉设置一个储存区域。最理想的情况是将釉料“厨房”和工作区域分隔开来，条件不允许时也完全可以让工作区域兼具釉料“厨房”的功能。我的第一间工作室是我家的地下车库。当把晾坯架、窑炉和两台拉坯机放进去之后，狭小的空间里无论如何也分割不出来一片独立的釉料“厨房”了。在这种情况下，我把大垫板放在拉坯机的转盘和桶上，由此创建出了多个施釉区域。地下室里虽然没有暖气、没有供水，但我还是自得其乐地在里面工作了很长一段时间，期间还创作了很多可爱的作品。所以说，即便工作环境不是那么理想，也一样可以创造出美妙绝伦的陶艺佳作。

设计釉料“厨房”时主要考虑以下几项因素：距离窑炉近一些，以便放置坯体；设置入水系统；工作台的高度须适中；设置排水系统。在釉料厨房与窑炉之间如果有一条平坦道路的话，准备一辆带有脚轮的小型手推车运送坯体，可以有效减轻来回奔波之苦。除了市面上出售的专门用于运输陶瓷坯体的手推车外，面包师用来推送糕点的手推车也是很好的选择，而且在餐厅用品店里就能买到。如果窑炉距离工作室很远，或者在家里制陶在其他地方烧窑，那么可以将坯体放在铺着泡泡纸或旧毯子的塑料箱里运输，这些填充物可以在运输途中保护坯体。阿什维尔一位名叫乔希・科普斯（Josh Copus）的柴烧陶艺师给我留下了极深的印象，他的工作室距离建造在麦迪逊郡的柴窑之间足有32km远，他先将未经烧制的素坯放在晾坯板上，然后把晾坯板直接装进皮卡车的车斗里。将厚厚的毯子覆盖在坯体上，在坯体与坯体之间夹垫好并将其固定住。这种包装方式在这些易碎的陶瓷坯体之间形成了一个出乎意料的成功的支撑系统，尽管路程并不短，但鲜有损耗。

注意事项：最好在釉料“厨房”中引入自来水，水不仅可以用来混合釉液、调整其黏稠度，还可以用来打扫清洁。当工作室内没有自来水时，可以在一只19L容量的桶内装满干净的水，以便充当水槽。在现代化的管道系统出现之前，去河里或井里打水是每间陶艺作坊日常生活中必不可少的一部分。每次施釉工作开始之前，都须确保供水充足且水质足够干净。每次施釉工作结束之后，用大量清水将工作区域彻底清洗干净。

强烈推荐大家使用工作台，有了它，在施釉过程中就不必弯腰，也就不会造成背部损伤。对于陶瓷艺术家而言，姿势正确与否至关重要，之所以这样说，是因为在创作的过程中会长时间保持某种姿势。在正式投入工作状态之前，最好先拉伸舒展一下背部、手臂、肩膀及双腿［关于如何在工作之前做拉伸训练，请参阅本·卡特（Ben Carter）撰写的《陶瓷拉坯成型法》，上海科学技术出版社］。卡特在书中介绍的那些练习方法除了可作为拉坯作业之前的锻炼，也同样适用于其他成型方法和施釉作业之前的锻炼。此外，在条件允许的情况下，最好将釉料桶放在桌子或长凳上，不要将其放在地板上。最理想的情况是将釉料桶放置在距离地面约 61cm 的高度上，并借助底部带有轮子的小型手推车将釉料桶搬运至工作室的各个区域，而不是徒手提运。为什么要用带轮子的小推车运输？一只桶内的釉料干粉盛装量为 10kg，加水调和之后毛重高达 23kg。将其从地面抬到桌子上，或者搬运到别处时，背部会承受巨大的压力，特别是频繁移动釉料桶或一次移动多个釉料桶时表现尤甚。除此之外，还有一种简单的运送釉料的方法，即借助 3.8L 的水罐将釉液从一个容器转移到另一个容器中。这种方法既节省时间、简单易行，又能在很大程度上减轻背部劳损。

在设计釉料"厨房"时，另外一项需要重点考虑的因素是如何储存原料干粉。许多配釉原料呈干粉状态时可致癌，必须把原料干粉储存在带盖容器中，接触这些原料时必须全程佩戴防尘口罩。如果你是做釉料生意的商人，职业安全与健康管理机构会要求你在营业场所张贴各类原料干粉的安全数据表。

工具和材料

在给陶瓷作品施釉时，拥有一套称手的工具可以使整个工作事半功倍。如果你觉得下面的工具清单看起来太长的话，那么请记住，初学陶艺时并不需要将清单上的工具全部备齐，而且从工作室里就能找到许多现成的工具和材料。列出这个清单是为了让你熟悉一下这个行业用到的工具，而不是让你将其全部购买下来。

各种规格的桶（图中未显示） 用各种带盖的桶储存釉料是非常好的办法，除此之外还要多准备一些空桶，以便在过滤釉液时使用。必须选用由坚固塑料制成的桶，不要选用金属容器，因为金属易生锈，锈蚀一旦混入釉料就会影响釉料的发色和熔点。大多数油漆店或家装用品店都卖塑料桶，但许多面包店会用 19L 容量的桶盛放糖霜，用过的空桶经常会免费赠送。应该选择何种规格的桶？关于这个问题，需要先了解一下釉料配方的常见规格：

- 一只 3.8L 容量的桶刚好装 2kg 釉料干粉。
- 一只 11.5L 容量的桶可以装 5kg 釉液。
- 一只 19L 容量的桶可以装 10kg 釉液。
- 一只 38L 容量的橡胶垃圾桶可以装 20kg 釉液。
- 一只 208L 容量的塑料桶可以装 100kg 釉液。

电动搅拌器、打蛋器及搅拌棒 Ⓐ 釉液必须经过充分调和之后才能使用。由于配釉原料极易沉淀，所以必须经常搅拌釉液才能确保其配方的化学完整性。搅拌棒是个不错的选择，但其缺点是费时；烹饪用品商店里出售的大号打蛋器用来搅拌釉液相对省时，但其头部呈圆弧状，不能伸至桶的角落，无法搅动桶底和桶壁相交的区域；用电动搅拌器（长手柄上安装螺旋形搅拌

F
N
B
L
O
E
H
MORGAN'S TRI-AXIAL BOARD manufactured by: GIFFIN TEC
K
D
C
I
A
J
C
G
I
B
H
M

浆）混合釉液时速度最快、效率最高，能够伸至桶的任意角落，使整个桶内的釉料成分彻底融合且平均分布。

过滤网Ⓑ　几乎所有的釉液都需要过滤。借助过滤网可以将釉液中未溶解的原料去除掉，原料未溶解会引发釉面剥落或发色斑驳等一系列烧成缺陷。过滤网规格各异，选择哪一种须以实际需要为准。小型过滤网用于釉料试验；大型摇柄式过滤器由可以更换的过滤网、尼龙刷和可旋转的手柄组合而成，用它过滤釉液速度快、效率高，且无需将手浸入釉液中。需要注意的是，过滤网的目数规格也有很多，目数是指每平方英寸过滤网上的孔洞数量。绝大多数釉料使用80目过滤网就足够了，但某些特殊的釉料则需要使用目数更多的过滤网（目数越多，过滤出来的原料粒子越微小）。

浸釉钳Ⓒ　浸釉钳也有很多种类型。对于瘦高形状的作品而言，由坎贝尔陶艺用品公司生产的红柄不锈钢浸釉钳是个不错的选择；对于盘子和浅碗之类的扁平状器皿而言，则应选择可以调节距离的滑动铰扁口鲤鱼钳。上述类型的浸釉钳可以从不同的角度固定坯体，便于坯体在釉液中水平移动，获得均匀且平滑的釉层。浸釉钳与坯体之间的接触部位会留下点状无釉斑痕，后期需用刷子在该部位补釉。浸釉钳只适用于体量较小的坯体，因为倘若坯体较大，当其内部灌满釉液之后，重量会使浸釉钳与坯体之间的接触点承受过大的压力，导致坯体破裂。因此，为大体量作品施釉时，最好用佩戴着橡胶手套的双手端拿坯体。

液体比重计Ⓓ　液体比重计是一根底部灌铅的玻璃管，用于测量某种液体的比重，即某种液体相对于水的密度。对陶艺师而言，则是要通过测量釉料相对于水的密度，获知其黏稠度是否符合施釉要求。尽管测量液体比重的方法很多，但是借助液体比重计测量无疑是最快的。有关测量液体比重及其对于釉料的重要性，更多、更深入的讲解请参阅30页相关内容。

漏斗Ⓔ　漏斗用于将釉液引流至窄颈容器中、往挤釉器内灌釉液，以及作为测量釉料比重的辅助工具。借助挤釉器创作肌理时，经常会将漏斗和小型过滤网搭配使用。

水壶Ⓕ　借助各种各样的水壶，不但可以将釉液淋到作品的外表面上，还可以将釉液从一个容器转移至另一个容器中，使用起来非常方便。有些水壶的把手底部呈开口状，在使用的过程中可以将其挂在釉桶的口沿内侧，这种设计可以有效避免釉液外泄导致污染釉桶外壁的问题。

陶艺转盘Ⓖ　陶艺转盘通常用在往作品的外表面上涂抹蜡液、将器型修整对称时。此外，也适用于施釉和坯体装饰环节。日本生产的新宝牌陶艺转盘是目前世界上所有陶艺转盘中品质最好的。（此言没有广告成分，完全出自个人意愿，真心实意的！）相比其他品牌的陶艺转盘，新宝牌转盘的售价虽昂贵，但其使用寿命更长，旋转状态更平稳、流畅。

刷子Ⓗ　各种类型的刷子都预备一些，以便满足不同的需求：涂抹蜡液、涂抹釉液，以及修补浸釉钳留在坯体外表面上的点状无釉斑痕。软毛刷和硬毛刷相比，前者对于蜡液和釉液的吸附能力更强。

海绵Ⓘ　海绵是做清洁工作时的必备工具。此外，还可以将海绵改造成任意形状，并用它为作品施釉。无论是人工合成的海绵还是天然海绵，都能很好地发挥上述作用。

防毒面具或防尘口罩Ⓙ　呈干粉状态的配釉

原料一旦被吸入肺部，就会对人体健康造成极大的危害。在接触釉料干粉或喷釉的过程中，务必全程佩戴细微颗粒过滤率达到职业安全与健康管理机构认证标准的防尘口罩或防毒面具；接触陶瓷原料时需佩戴 N100 级防尘口罩或防毒面具。

手套 Ⓚ 当作品的体量过大，无法借助浸釉钳为其施釉而不得不用手拿握坯体并浸入釉液时，必须佩戴乳胶手套或橡胶手套。有些配釉原料具有可溶性，会通过皮肤侵入血液。

大盆或水槽（图中未显示） 大盆或水槽在任意一家餐饮用品商店内都有出售。对于那些又大又平，无法浸入桶中的作品而言，借助大盆或水槽为其施釉是一个不错的办法。

挤釉器 Ⓛ 挤釉器适用于在作品的特定区域内少量施釉，挤釉器有多种形状和尺寸。挤压式调味瓶、蜡染用的爪哇式涂蜡器和盛放染发剂的挤压式小瓶子都可以作为挤釉器使用。

金刚石砂轮、磨砂海绵，以及琢美（Dremel）牌电磨机 Ⓜ 可以借助这些工具将作品外表面上多余的釉料去除，或者将粗糙尖锐的棱边打磨平滑。虽然传统的砂纸和碳化硅砂轮也算得上物美价廉，但是相比之下金刚石砂轮、磨砂海绵和电磨机使用寿命更长，工作效率更高，这些工具是值得投资购买的。在职业生涯早期我还不知道有这些工具，幸亏后来拥有了它们。可以在出售玻璃吹塑工具的商店内找到这些工具，家装用品商店里也出售电磨机。

喷枪 Ⓝ 喷枪的型号有很多种，有些喷枪是专门用于喷油漆的。这类喷枪的特点是容量大、压力低，它们也适用于喷涂釉料。最简易的喷枪所形成的喷雾呈圆锥形，会在坯体的外表面留下一片圆形的釉痕。设计稍复杂的喷枪所形成的喷雾形状是可调节的，可以在坯体的外表面上留下垂直方向或者水平方向的椭圆形釉痕。喷釉只是众多施釉方法中的一种而已，在后文相关章节中可以看到更多的施釉方法。

喷釉亭（图中未显示） 喷釉亭可以提供一个为作品施釉的区域，同时将多余的釉雾收集起来并排放到室外。市面上有陶艺专用喷釉亭出售，但完全可以用硬纸板和箱式排气扇等简易材料自制一间喷釉亭。

气泵（图中未显示） 气泵在施釉过程中有多种用途：将釉液雾化并喷涂在作品的外表面上；将附着在作品外表面上的、有可能引发釉面烧成缺陷（针眼）的浮灰吹掉等。吹灰的时候，须将气泵的压力数值设置为 80psi（1psi=6.895kPa）；喷釉的时候，须将气泵的压力数值设置为 40psi。

三轴混合板 Ⓞ 当测试三种配釉原料的相互关系时，三轴混合板可以使整个实验过程井然有序、干净整齐。板身上设有 15 个呈三角形矩阵排列的小凹坑，位于三角形每一个顶点上的小凹坑，其内部盛放的配釉原料纯度为 100%，越向中间位置的凹坑，其内盛放的配釉原料纯度越低。按照不同的规律设置每种配釉原料的混合比例，可以使实验者直观地感受到釉料配方中不同原料之间的比例关系。

釉料是什么

我们经常可以看到一个陶艺师指着一件陶瓷器皿对另外一个陶艺师说："看这釉料多漂亮。"那么这层状如玻璃般的釉料到底是由什么成分构成的呢？釉料的初始形态是经过研磨的矿物质加水调和之后形成的釉液，然后通过几种不同的施釉方法将其附着到陶瓷坯体的外表面上。入窑烧至适当的温度时，釉层会熔融并渗入坯体表层，之后在降温过程中固化凝结，在坯体的外表面上形成永久性的饰面层，或称"表皮"。

并不是每一件作品都非得施釉不可，需要视情况而定。诸如赤陶花盆、屋瓦和某些雕塑之类的陶瓷作品是不适合施釉的（将这种不施釉直接入窑烧制的形式称为"裸烧"）。那么，为坯体施釉又是为了什么呢？首先，釉料可以在很大程度上提升陶瓷作品的视觉美感。其次，对于日用陶瓷产品而言，釉层可以在坯体的外表面上形成一道抵御渗透的屏障，从而使器皿与食物或饮品可以直接接触。

化学知识点到为止

如果你曾经在翻阅釉料书或者在网上搜索釉料配方时，被晦涩难懂的釉料化学知识搞得一头雾水的话，请不要害怕。对于非化学专业人士而言，虽然釉料化学中所涉及的各类物质看起来十分吓人，但我们完全可以在不深入了解任何一种化学物质的前提下，配制出美妙绝伦的釉料。除此之外，本书的讲述重点是釉料的实际应用方法，即针对某件陶艺作品上的某个特定位置制定出最合理的釉料使用量，而不会对釉料化学方面的知识做过多剖析。

需要强调的是，在釉料学习之旅中，对釉料配方中的各类化学物质有一个最基本的了解，而且了解得越早越好，这一点非常重要。当知道了釉料配方的必备组成部分之后，就可以随心所欲地调整配方，拥有这种能力可以使釉料资源库呈现出指数级增长的态势。

接下来，我给大家上一堂速成课！一个典型的釉料配方由三大部分组合而成，它们中的每一项都很重要，三者通力协作才能形成作品外表面上美轮美奂的釉层：玻化剂、稳定剂和助熔剂。由这三大部分组合而成的釉料被称为基础釉。

- 玻化剂［二氧化硅（SiO_2）和三氧化二硼（B_2O_3）］：玻化剂的作用是使釉层具有持久性。
- 稳定剂：有些时候也被称为"耐火材料"，主要成分是氧化铝，来源于高岭土（$Al_2O_3 \cdot 2SiO_2$）。稳定剂的作用是使釉层牢牢地附着在陶瓷坯体的外表面上。无论釉料再怎么好，也不能让它流淌粘板。
- 助熔剂（一组氧化物，包括锂、钠、镁、钾、钙、锶、钡、锌和铅）：稳定剂的作用是确保釉料会在适当的温度下熔融。尽管仅凭玻化剂和稳定剂也能构成一个不错的釉料配方，但是没有助熔剂的辅助就无法按照设定的烧成温度熔融。

需要注意的是，一个釉料配方中可能包含一组以上氧化物，且诸如氧化铁之类的某些氧化物可以同时充当助熔剂、稳定剂及着色剂中的多种角色，例如 EPK 高岭土（埃德加塑形高岭土）内就同时包含玻化剂、稳定剂及助熔剂。

了解一些关于釉料组成方面的基本知识，可以帮助你提前预测出其烧成后的外观效果。图中的这种基础釉名为薄荷绿釉，有关它的具体内容和配方请参见 22 ~ 24 页和 178 页相关内容。

EPK 高岭土化学成分分析

SiO_2	45.73%
Al_2O_3	37.36%
Fe_2O_3	0.79%
TiO_2	0.37%
P_2O_5	0.236%
CaO	0.18%
MgO	0.098%
Na_2O	0.059%
K_2O	0.33%

本分析数据由 EPK 高岭土公司友情提供

塞格尔公式（或称统一公式）表示玻化剂、稳定剂和助熔剂之间的比例关系。首先，将助熔剂的总使用量设定为 1。其次，用玻化剂的总使用量除以稳定剂的总使用量。最后，用上述二者除得的数值与 1 相比。通过最终得到的对比数值预测该种釉料烧成后的光泽度。当玻化剂的总使用量除以稳定剂的总使用量（SiO_2 : Al_2O_3）所得数值较高时，例如用上述二者除得的数值与 1 相比后达到 10 : 1 的话，那么该种釉料烧成后会非常光滑。相反，假如用上述二者除得的数值与 1 相比后仅达到 5 : 1 的话，那么该种釉料烧成后会呈亚光效果。因此，借助塞格尔公式可以预测出某种釉料烧成后的特征。

除了基础釉中包含的几种原料之外，很多釉料配方内还会额外添加一些会影响釉料性能的原料，如悬浮剂（硫酸镁），着色剂（碳酸铜、金红石及马森牌陶瓷着色剂）和乳浊剂（硅酸锆及 Superpax 牌锆类元素）。这些添加剂既会影响施釉方法，也会影响釉面的烧成效果。

如果你对釉料化学方面的知识很感兴趣，以下几本书是业界公认的顶级著作，推荐阅读：约翰・布里特（John Britt）撰写的《高温釉料完整指南：烧成温度为 10 号测温锥的熔点温度》和《中温釉料完整指南：烧成温度为 4 ~ 7 号测温锥的熔点温度》，以及丹尼尔・罗德斯（Daniel Rhodes）撰写的《陶艺师的泥料和釉料》。

如何阅读釉料配方

绝大多数釉料配方都是标准形式的。基础釉内各种成分的总使用量共计 100%，着色剂、悬浮剂（其功能是防止釉液沉积），以及乳浊剂等添加剂是单独列出来的。这就意味着所有成分的总使用量可能会超过 100%（注意：配方中的数字以百分比为单位，测量单位包括克、盎司、磅）。测量单位虽有多种，但只要在测量过程中始终选定其中一种，就不会影响结果的准确性。以薄荷绿釉的配方为例做具体解析：

薄荷绿釉，6 号测温锥

硅灰石	28.00%
EPK 高岭土	28.00%
费罗牌（Ferro）3195 号熔块	23.00%
二氧化硅	17.00%
霞石正长石	4.00%
总计	100.00%

添加剂

浅金红石	6.00%
碳酸铜	3.00%

在前文中讲到，一个典型的釉料配方由以下几部分组合而成：玻化剂、稳定剂、助熔剂，以及作为添加剂的着色剂。此配方中的各类氧化物便构成了上述组成部分：RO/R_2O 类物质作为助熔剂，

R_2O_3 类物质作为稳定剂，RO_2 类物质作为玻化剂。

在某些情况下，你还可能看到从化学组成角度诠释釉料配方的塞格尔公式，该写法是将助熔剂类物质的总使用量设定为 1，将 R_2O_3 类物质（稳定剂）与 RO_2 类物质（玻化剂）的总使用量作百分比对比。当我们看到某种釉料配方内的玻化剂与稳定剂的比例为 6.94 : 1 时，这表明该釉料是一种光泽度较低的釉料，但并不是亚光釉。

薄荷绿釉的化学公式，6 号测温锥

RO/R_2O 类物质（助熔剂）

0.01 ························ K_2O（氧化钾）

0.09 ························ Na_2O（氧化钠）

0.90 ························ CaO（氧化钙）

1.00 ························ 助熔剂总使用量

R_2O_3 类物质（稳定剂）

0.4 ························ Al_2O_3（氧化铝）

0.4 ························ 稳定剂总使用量

RO_2 类物质（玻化剂）

3.00 ························ SiO_2（二氧化硅）

3.00 ························ 玻化剂总使用量

各类添加剂

0.02 ························ Fe_2O_3（氧化铁）

0.10 ························ CuO（氧化铜）

0.22 ························ TiO_2（二氧化钛）

0.23 ························ B_2O_3（三氧化二硼）

0.57 ························ 添加剂总使用量

玻化剂与稳定剂的比例

6.94 : 1

调整釉料配方

对釉料配方进行微调是一件融艺术和科学于一体的工作。具体采用何种策略，以想要获得的釉料特征而定（光泽度强弱、是否呈亚光效果、流动性大小、发色浓艳与否、色相是否转变）。改变玻化剂、稳定剂和助熔剂的使用量，会直接影响基础釉的烧成效果：多添加一些玻化剂，会大幅提升釉面的光泽度；多添加一些稳定剂，会显著降低釉面的光泽度；多添加一些助熔剂，会令釉料熔融流淌。改变着色氧化物或者马森牌（Mason）陶瓷着色剂的使用量，会直接影响到釉料的发色。可以通过多添加助熔剂的方式，使高温釉料转变为中温釉料（由 10 号测温锥的熔点温度下降至 6 号测温锥的熔点温度）。同理，可以通过多添加稳定剂的方式，使中温釉料转变为高温釉料（由 6 号测温锥的熔点温度提升至 10 号测温锥的熔点温度）。有些时候，经过调整的釉料配方中各种成分的总使用量达不到 100%。如果要将总使用量还原至 100%，可以采用以下方法：首先，用每一种成分的使用量除以所有成分的总使用量；其次，用所得的数值乘以 100。举例如下：

成分 A································· 80%

成分 B································· 20%

成分 C································· 15%

总计··································· 115%

下一步

成分 A

$80 \div 115 = 0.6956 \times 100 = 69.56\% \approx 70\%$

成分 B

20 ÷ 115=0.173 9 × 100=17.39%≈17%

成分 C

15 ÷ 115=0.130 4 × 100=13.04%≈13%

总计………………………………… 100%

调整剂量

为了满足实际需求需要调整配方的剂量。进行这项工作时，必须参照原配方。将 5kg 釉料放入一只容量为 11L 的桶中刚刚好。当使用量在 0.1 ~ 5kg 时，其换算方法是将每一种成分的使用量乘以 50。由此扩展开来，如果配制 10kg 釉料，那么需要将每种成分的使用量乘以 100。以薄荷绿釉配方为例，配制 5kg 剂量时，其换算公式如下所示（需要注意的是，由于基础釉配方内添加了着色氧化物浅金红石及碳酸铜，所以最终的配方重量总计 5 450g）。

薄荷绿釉，6 号测温锥

硅灰石………………… 28.00 × 50=1 400.00

EPK 高岭土 ………… 28.00 × 50=1 400.00

费罗牌（Ferro）3195 号熔块

……………………… 23.00 × 50=1 150.00

二氧化硅……………… 17.00 × 50=850.00

霞石正长石…………… 4.00 × 50=200.00

总计（基础釉）……… 100.00 × 50=5 000.00

添加剂

浅金红石……………… 6.00 × 50=300.00

碳酸铜………………… 3.00 × 50=150.00

总计…………………… 109.00 × 50=5 450.00

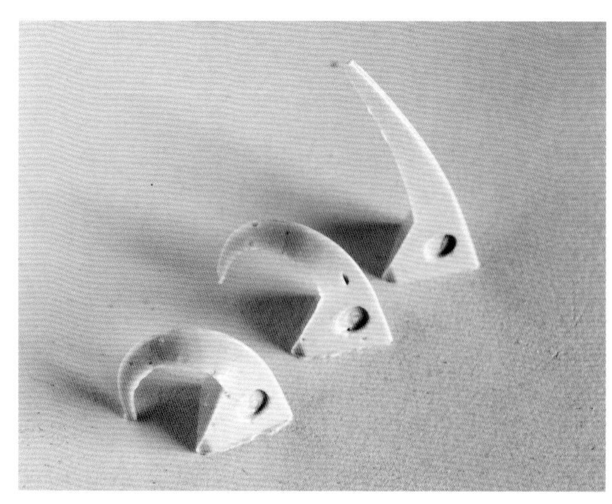

测温锥组可以提供更加精准的烧成数据。

测温锥、烧成温度及热功

测温锥的外观呈小尖锥形，由陶瓷材料压缩而成，会在烧成期间的某一特定温度下熔融。测温锥熔融弯曲预示着黏土和釉料烧至成熟状态。测温锥对于陶瓷艺术家而言非常有帮助，因为它可以提供直观的信息（在烧窑过程中窑炉内部发生了什么或正在发生什么）。测温锥有很多种类型：小测温锥、大测温锥和自支撑式测温锥。小测温锥通常适用于安装了自动断电装置的窑炉，该装置可以自动关闭窑炉。使用时将小测温锥放置在自动断电装置上部，关窑杆与测温锥的顶点相接触。当测温锥仍垂直竖立，关窑杆仍位于原位时，窑炉正常运行；当测温锥融熔弯曲，关窑杆落下时，电路断开，窑炉停止工作。大测温锥不适用于安装了自动断电装置的窑炉，它需要支撑才能稳固放置。自支撑式测温锥的尺寸与大测温锥的尺寸相仿，不需要支撑就可以稳固放置，从全局角度来看可以节省时间。自支撑式测温锥和大测温锥须放置在窑炉的观火孔处。它们也被称为“见证锥”。同时放置多个测温锥时，可将其称为测温锥组。一个测温锥组通常包括导向锥、防护锥和目标锥。即便窑炉安装了热电偶和

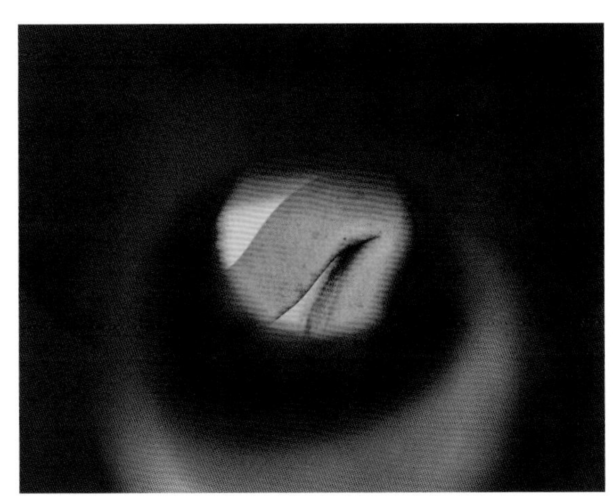

在烧窑过程中观察测温锥的烧成状态。

电子控制装置，它们也极有可能出现轻微校准误差或最终损耗的情况。因此在通常情况下，烧窑必须以测温锥的实际观察结果为准，而不能单纯依靠电子控制装置和热电偶。

对于大测温锥而言，当其顶点熔融弯曲至接触到硼板表面时，就表明达到了预定的烧成温度；对于自支撑式测温锥而言，当其顶点熔融弯曲至与锥体底部呈平行状态时（并非顶点与硼板表面相接触），就表明达到了预定的烧成温度。但将两者混淆的情况时有发生。图中的三个自支撑式测温锥，由远及近分别展示了欠烧、刚好达到预定烧成温度，以及过烧时呈现出来的外观状态。

陶艺知识误区 #214：测温锥的功能是测量窑炉内部的烧成温度。

事实上，测温锥的功能是同时测量温度和时间。要想得到理想的釉烧效果，使某种釉料熔融和发色都呈现出最佳的状态，它就必须承受一定量的热功，而热功是温度和时间的共同作用。可以借助巧克力蛋糕的烘焙效果来说明热功的作用。假定烘烤温度都是400℃，蛋糕烤20分钟时其外表皮是潮湿而柔软的；而烘烤40分钟时其外表皮则是酥脆的。除最高温度外，用多长时间达到最高温度、达到该温度后保温多长时间，这些都会影响釉料的烧成效果。由此可见，当烧成速度较快时，釉料的熔点相对较高；当烧成速度适中时，釉料的熔点会随之降低一些；当烧成速度较慢时，釉料的熔点会进一步降低。

烧成气氛（氧化气氛、还原气氛）

窑炉内的气氛，特别是氧气的含量，会直接影响釉料的烧成效果。氧化气氛是指窑炉内部的氧气含量超过燃料燃烧所需的氧气量。氧化是指在窑炉内部氧气充足的情况下，釉料中各种成分发生化学重组的过程。其过程如下：首先，各类化合物遇热之后挥发或分解。然后，它们与窑炉内部残留的氧气重新结合，由此产生一系列新的氧化物。电窑的炉丝极易被氧化，因为它们不需要氧气来产生热量。

还原气氛是用明火而不是用电产生热量。火焰，无论是来自木材、天然气、石油还是煤炭，都需要氧气才能持续燃烧。无论使用何种燃料，只要窑炉内部含氧量充足，就会保持氧化气氛不变。但当窑炉内部含氧量不足导致燃料无法完全燃烧时，就会产生一氧化碳。碳原子具有被氧吸引的天性，当它与黏土及釉料中的氧分子结合时会产生二氧化碳，黏土及釉料中的氧被还原，这将直接影响釉料的发色及质地。为了改变釉色外观，陶艺师们会故意减少窑炉内部含氧量来营造还原气氛。用氧化气氛和还原气氛烧同一种釉料时，所呈现出来的外观效果可以是天差地别的。在众多发生此类反应的釉料中，最有代表性的当属配方内含有碳酸铜的釉料：用氧化气氛烧制时呈绿色，用还原气氛烧制时呈牛血红色。

商业出售的釉料和自己配制的釉料

市面上出售的釉料琳琅满目，种类过百，它们都是由釉料工程师特别配制，经过反复的烧成测试，被证实烧成效果稳定之后才面世的。严格按照其说明书施釉及烧成时，它们会展现出稳定、可靠、方便等优点。但是由于其配方属于商业秘密，所以相对于自己配制的釉料而言，其售价可能非常昂贵！比起跑一趟釉料店或者从网上订购，自己配釉相对费时间，但其优点是经济实惠。自己购买原料配釉，其成本仅为商业釉料的20%，日积月累足以节省一大笔开支。此外，由于知道配方里的各个组成成分，自己配釉时可以做到随心所欲地调整配方。

与商业釉料相比，自己配制的釉料价格虽低，品质却不低。从档次层面来讲，二者难分伯仲，它们都是很好的视觉表达途径。此外，还需了解的是，把商业生产的釉料和自己配制的釉料搭配起来使用效果也不错。也就是说，当某种商业釉料售价高昂、使用量较大，无法全部负担时，可以自己配制一部分釉料，以此来降低成本。

无论是购买商业生产的釉料还是自己配釉，都是为了让陶瓷作品在烧成后呈现理想的外观效果。

制备釉料

在厨房和饭店里有很多需要提前完成的准备工作，这些工作由助理厨师承担，这是一个专门设置的、不可或缺的职位，其工作内容是提前准备好所需的一切用品。大厨正式烧菜之前须把所用的食材提前准备好：洋葱切片、土豆削皮、蘑菇洗干净。准备工作中的任何一项受到忽视或怠慢，都会影响菜肴的味道和外观美感。同理，在釉料“厨房”中也有几项十分重要的准备工作需要提前完成，做好这些工作是获得高质量釉料的前提。准备工作做得好能使整个流程顺利进行。在起始阶段多关注一下细节，可以使后续工作变得简单易行。

消解、调和、过滤

无论是使用商业釉料干粉还是直接使用各类原料干粉，加水将其调和成釉液都需要经过以下三个步骤。

消解Ⓐ　在通常情况下，首先往容器内注入1/3的水。从此刻开始，确保在通风良好的环境或在室外操作，且全程佩戴防尘口罩。接下来，把提前混合好的原料干粉倒在水面上。稍待片刻，让水慢慢没过原料干粉。当容器内部的水太少，不足以淹没原料干粉时，可以再多添加一些水，直至所有原料干粉被彻底淹没为止。不必担心加水过多，因为在接下来的两个步骤中还会添加更多的水。

Ⓐ

调和Ⓑ　待所有原料干粉充分消解之后，将搅拌棒、打蛋器或带有搅拌桨的电动搅拌器伸入釉液中搅拌，使各类成分彻底调和。无论选用何种搅拌工具，在釉液中的动作轨迹都应该是上下左右全方位的，而不仅仅是让搅拌棒在接近桶底处来回画圈那么简单。用带有搅拌桨的电动搅拌器调和釉液时须小心操作，将处于旋转状态的搅拌器从釉液中抽离出来时，釉液顺着飞速旋转的搅拌桨溅到腿上的情景我目睹了不止一次，自己也亲身经历过很多次！

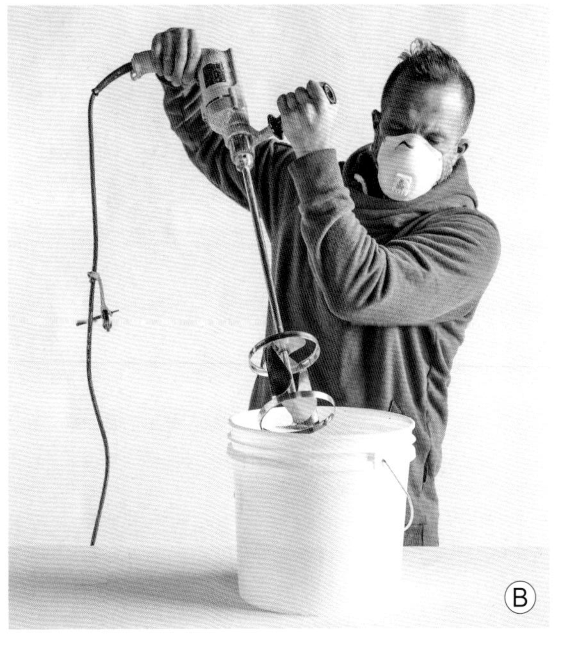

Ⓑ

过滤Ⓒ　即便经过了消解及调和，釉液中也仍有可能存在一些质地较粗的原料粒子或粘结

在一起的釉块，因此还需要进一步过滤。将其过滤两遍之后，便可以获得质地均匀的釉液。在过滤釉液之前，需要先准备一只和釉桶同样大小的桶。在绝大多数情况下，选用 80 目的过滤网便足以获得平滑度和流动性均属上乘的釉料。每次使用前须将釉液重新过滤一遍，其原因是釉液中的成分极易凝结成块，或附着在釉桶上、或沉积在釉桶底部。我曾在某个社区陶艺工作室的釉桶里发现了包括素烧坯体和工具在内的各种各样的异物。过滤可以确保釉料的最终烧成效果不会受到异物的影响，当然也存在其他可能性——例如刻意为之，就想试验一下，看看能否得到意想不到的烧成效果。

有关比重的一些细节知识

最常见的认识误区是比重计是用于测量釉液黏稠度的，实际上它是用于测量某种液体相对于水的密度。密度是指单位体积内的质量；而黏稠度，就陶艺领域而言，是指釉液的黏性或称流动阻力。因此，可以通过添加爱普生盐之类的絮凝剂（一种能促进粒子聚集的物质）使釉液变稠；或者通过与之相反的操作，添加达文 7 号（Darvan 7）之类的抗絮凝剂使釉液变稀。此外，羧甲基纤维素胶（CMC）也可以作为絮凝剂使用。虽然添加上述物质会改变釉液的黏稠度，但不会改变其密度。

在制备釉料和施釉的过程中，测量比重是一个极其重要的步骤。在陶瓷作品的外表面上覆盖适量的釉料，釉液的黏稠度会影响其被吸收量。釉液越稠，被坯体吸收就越多。当坯体的釉液吸收量超标时，会在烧成过程中出现流淌粘板的问题。相反，釉液越稀，被坯体吸收就越少。当坯体的釉液吸收量不足时，会出现釉层无法彻底覆盖坯体的问题。只要投入足够多的时间和精力将釉液的比重值调整至最理想的数值，就可以避免上述两种问题。为确保陶瓷产品釉面均匀，陶瓷企业会在很大程度上依赖釉料比重值。以前很少会有陶艺师测量釉液的比重，不过这种情况正在慢慢改变，对此我感到很高兴。但最重要的仍然是坯体的釉液吸收量！

陶艺知识误区 #278：把你的手指浸入釉液中，看它能否顺着指尖滴落，这是一种很好的釉液比重测试方法。

你一定遇到过这种情况，在途经某地的个人陶艺工作室时，总有一些人会津津乐道地向你展示“手指测釉法”，并告诉你只要用手指蘸蘸釉液就可以得知其密度。一个看似聪明的陶艺师调配了一桶釉料（往往会忽略过滤环节），他不佩

为了精确测量釉液密度，最好购买一支液体比重计。

1.000
1.100
1.200
1.300
1.400

戴橡胶手套，徒手浸入含有可疑、可溶性物质甚至含有巨毒物质的釉液中，随后，他将蘸釉的手指高高举起并自豪地向你宣布：“看到了没有？顺着我的手指流下来了。刚好合适！”或者还有另外一种情况，他会用乳制品作类比来形容釉液的黏稠度。例如他会这么说：“那种釉料看起来更稠一些，和奶油差不多。哦不，应该更像脱脂牛奶。你为什么不加点水呢？”他一边和你做着眼神交流，一边频频点头。

上述方法虽不规范，但其出发点是好的。事实上，它们也确实能从某种程度上显示出釉料的比重——对于某些釉料而言，倒也不失为好方法——但无论如何都需要更加精确的工具来完成这项工作。建议用液体比重计测量釉料的比重，或者通过测量 1 000ml 釉液的重量来推测其比重。

将液体比重计浸入釉液中，直到浮起为止。较稀的釉液和较稠的釉液相比，比重计在前者中沉得更深。比重计与釉面相交处所显示的刻度即为该釉料的比重。理论上水的比重值为 1.00g/ml，须在 70 华氏度的海平面上进行测量（当海拔及温度均不符合上述标准时，其测量结果会稍有偏差。不过，就陶艺师想要达到的目的而言，即便有所偏差也不会造成太大困扰）。所有釉料的比重值都高于水的比重值，数值越高，釉料的黏稠度越大。对于绝大多数釉料而言，当比重值为 1.45 时，其施釉及烧成效果都不错。但必须进行适当的测试，因为对于安雅（Anja）丝光透明釉和奥德赛透明釉（参见 166 页和 175 页相关内容）之类的某些釉料而言，当釉层较厚时会呈现乳白色。之所以出现这种现象，一方面是因为其比重较低，另外一方面是因为泽斯特利牌（Gerstley）硼酸盐具有凝胶特质，配方中含有此类原料的釉料黏稠度较高。对于安雅丝光透明釉而言，其理想比重值建议取 1.25；对于奥德赛透明釉而言，其理想比重值建议取 1.35。此外，有些釉料需要喷涂得更厚一些才能展现其美感，例如春青瓷釉料（参见 173 页相关内容）的比重值为 1.55 时，其烧成效果最理想。

另外一种测量比重的方法是用天平称 1 000ml 釉液。这种方法的理论基础为 1ml 水重 1g（海平面室温条件下），由此推算，1 000ml 的水（理论上）重 1kg。由于釉料中各类物质的分子密度大于水的密度，所以 1 000ml 的釉液重量会超过 1kg。不妨把上述两种方法都试一试，从中选出最喜欢的一种，选定方法之后就不要更改。借助上述方法可以测量出 100g、10g，甚至 1g 釉料的比重，尽管小数点的位置会移动，但结果都是相同的。称量 1 000ml 釉液，其重量为 1 450g；称量 100ml 同样的釉液，其重量为 145g；称量 10ml 同样的釉液，其重量为 14.5g；称量 1ml 同样的釉液，其重量为 1.45g。上述两种方法都很实用，都可以展示出某种釉料的相对密度。

除釉料的比重外，坯体接触釉液的时长和坯体的吸水率这两项因素也会影响作品外表面的釉料附着量（无论是采用浸釉法、淋釉法还是喷釉法均无例外）。40 页起将详细介绍各类施釉方法。

改变釉液的黏稠度

当釉料的比重值不在合适的范围内时（除特别说明的几种釉料外，本书中列举的绝大多数釉料的比重值均为 1.45），可能会引发一系列烧成缺陷。比重值太低的釉料无法形成足够厚的釉层；比重值太高（过于黏稠）的釉料极易出现釉层剥落现象，甚至在烧成的过程中流淌粘板。在正式施釉之前，先将釉液过滤到一只桶中，之后

当釉液过于稀薄时，可以闲置一晚任其沉淀，次日先用量杯将上层的水分去除一些，之后再重新调和即可。

为其测量比重。若比重值刚好在合适的范围内，预示该种釉料的黏稠度刚刚好，可以即刻开始施釉。若比重值超标，每次加一点点水逐步勾兑、过滤，直至比重值处于合适的范围内。若比重值太低（过于稀薄），则必须让釉液中的水分蒸发掉一些，通常需要等一段时间。为了加速水分蒸发，晚上不必盖桶盖。一段时间之后，再次搅拌、过滤、测量比重。当水分蒸发过量，釉液太过黏稠时，可以通过重新加水调和的方式稀释之，直至其比重值处于合适的范围内。上述工作听起来费时费力，但正所谓“磨刀不误砍柴工”，这总比因釉料有误导致所有作品烧成之后全部报废强得多。在这个环节里多尽一点心，多出一分力，就可以挽救很多作品——从某种角度而言，挽救作品就是挽救自己。

施釉前的准备工作

在正式施釉之前，不仅釉料需要做准备，素烧坯体也需要做准备。首先，检查坯体的棱边是否太过锋利或有芒刺，如有，则用砂纸将其打磨平滑。此阶段处理比烧成后处理要容易得多。其次，将所有附着在坯体上的浮尘彻底清除干净。有人会把坯体浸入水中，这种方法会导致坯体饱和，又会进一步导致釉料吸收量不足。陶艺师不得不多等一夜，等坯体干燥至适宜状态后才能施釉；或者不得不重新调整釉料配方，提升其比重。还有人会用湿海绵擦拭坯体的外表面，这种方法也会导致坯体部分饱和，而且需要经过长时间练习才能做好。较之其他人，我更愿意借助气泵清除坯体外表面的浮尘，吹灰时须将气泵的压力数值范围设置为 60 ~ 80psi。

注意事项：打磨坯体或用气泵清除坯体外表面上的浮尘时，务必全程佩戴防尘口罩或防毒面具。上述工作须在喷釉亭中或室外进行，以避免在工作室内扬尘。

测试釉料

当购买或配制出一种新釉料，在正式用它装饰作品之前，先对其进行烧成测试，这样做有助于获得最佳烧成效果。尝试不同的比重，或者在不同颜色的黏土、泥浆表层上做实验。测试釉料时，建议选用更有“价值”的，或者能够提供更多、更直观的烧成信息的试片。绝大多数陶艺工作室里的釉料试片都是一块毫无审美价值的平板。建议大家选用下列样式的试片：第一种是借助挤泥器挤压成型的圆柱体；第二种是经典的倒 T 字形试片。后者的制作步骤如下：首先，在拉坯机上拉制一个低矮且无底板的中空圆环（底径稍厚）；其次，用割泥线将圆环与拉坯机的转盘分割开；最后，用割泥线将切割下来的圆环竖向切割成 16 ~ 24 个试片。

所谓有价值的试片应该与创作的作品相似，即使是雕塑型作品也一样，例如凯瑟琳·利祖尔（Kathleen Lizzul）用印坯成型法制作的这些半身像试片。

一个有价值的试片可以精确地展现出想要获得的外观效果。如果想在作品的外表面涂抹泥浆，那么也必须在试片的外表面涂抹泥浆；如果作品外表面有很多肌理，那么也必须在试片的外表面刻画同样的肌理。经典的倒 T 字形试片制作速度相对较快，适用于下文中介绍的线形混合或测试，当实验时间较短时。

但当试片远远超越其自身固有价值的时候会出现什么情况呢？假如一个口杯型的试片烧成效果非常好（参见 35 页图片），它就会因自身的美感而受到珍视，作为礼物馈赠于他人，甚至作为商品出售。多年以来，我售出了很多试片，作为一名职业陶艺师，这也可以视为我勤奋努力的回报。如果你也想试一试，建议制作一种能够准确代表个人作品特征的试片，能在 3 分钟内，用一块湿黏土将其塑造出来。如果每月拿出 1 小时来制作有价值的试片，那么一个月至少可以获得 20 个这样的试片，一年就是 240 个试片。如果每次烧窑时都放几个试片的话，那么很快将会发现一些新的釉料，以及一些新的组合形式，将在釉料学习之旅上迈出更加坚实的一步！

简单的线形混合测试法

测试釉料的另外一个重要目的是找到系统地搭配组合各种釉料的方法。下面这种简单易行的方法称为线形混合测试法，适用于对手上已有的

最简单的线形混合测试法，是按照 50%/50% 的比例将两种釉料混合起来。照片中的三个试片，从左到右分别展示了 100% 牛血红釉、50%/50% 牛血红釉，以及 100% 赖茨（Reitz）绿釉的烧成效果。

各类釉料进行测试，借助这种方法可以创造出数十种全新的釉料。

简单来讲，线形混合测试法是将两种釉料按照一定比例间隔混合在一起。最简单的线形混合测试法是按照以下三种百分比混合两种釉料：100%/0%、50%/50% 和 0%/100%。以上述比例做测试时，既可以看到单一釉料的烧成效果，也可以看到两种釉料混合后的烧成效果。缩小比例间隔会看到更多烧成效果：100%/0%、75%/25%、50%/50%、25%/75% 和 0%/100%。将比例间隔减少到 10% 时烧成效果更加丰富：100%/0%、90%/10%、80%/20%、70%/30%、60%/40%、50%/50%、40%/60%、30%/70%、20%/80%、10%/90% 和 0%/100%。混合釉料干粉时需以重量为单位，混合釉液时需以体积为单位。此外，混合釉液时还需称量釉液中的用水量，以便日后能够复制出相同品质的釉料。确保给每一个试片都填上标签！

注意事项：三轴混合测试法和四轴混合测试法的原理与线形混合测试法的原理相同，它们之间的区别如下：第一，前两种测试方法分别使用了三种及四种釉料；第二，前两种测试方法可以形成三角形或正方形试片矩阵，线形混合测试法仅形成递增 / 递减比例的单排试片。

三轴混合测试法简易搭配方案：

釉料 A

釉料 B

釉料 C

AAAAA

AAAAB　AAAAC

AAABB　AAABC　AAACC

AABBB　AABBC　AABCC　AACCC

ABBBB　ABBBC　ABBCC　ABCCC　ACCCC

BBBBB　BBBBC　BBBCC　BBCCC　BCCCC　CCCCC

佳作赏析

之所以设置佳作赏析这个版块，是因为想和大家分享一些绝对可以激发创作灵感的作品。为达此目的，第一篇佳作赏析收录了各式各样、足以让你领略到釉料无穷可能性的优秀作品图片。每一章正文末尾的佳作赏析版块收录的作品，都与该章讲述的主题密切相关。需要注意的是，所收录作品外表面的釉料既有陶艺师经过多年努力自行研发的釉料，也有商业釉料（第六章介绍的釉料配方与佳作赏析版块所展示的作品用釉并不匹配，这些都是艺术家们自行研发的釉料试片）。我建议大家以开放的心态欣赏和研究这些作品，让世界顶级陶瓷艺术家引领你走向新的征程！

蓝色花瓶（细节）

约翰·布里特（John Britt），图片由艺术家本人提供。

有时候，单一釉料也可以呈现出奇妙的斑驳肌理，例如图中这只窄颈瓶的釉色细节。

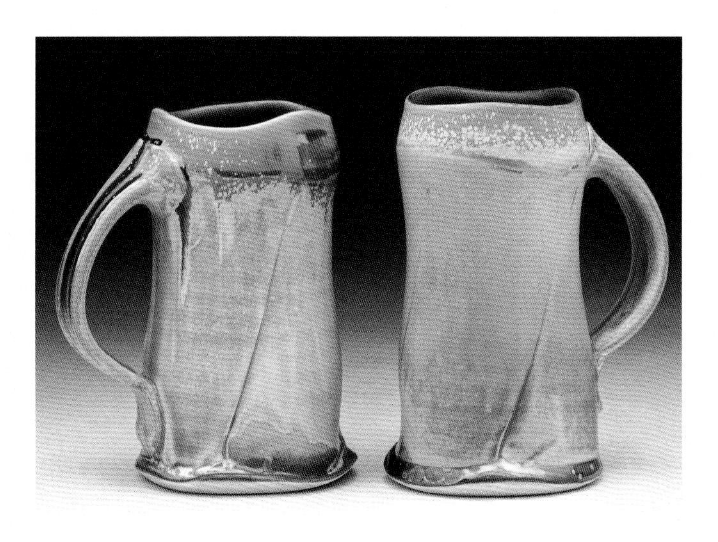

一对大啤酒杯 史蒂文·希尔（Steven Hill），图片由艺术家本人提供。

在这两只漂亮的酒杯上装饰着数层不同种类的釉料，杯口处的微妙结晶为整个作品增添了一层深度。

盖罐 尼奇·道尼斯（Nich Daunis），图片由哈利玛·弗林特（Halima Flynt）提供。

单层釉料烧成效果极好，很大程度上突出了器型的美感。有关单层釉料的更多信息，请参见第二章中的相关内容。

油滴釉药罐 弗兰克·维克里（Frank Vickery），图片由艺术家本人提供。

罐盖上的绿釉突出了泥浆装饰纹样的美感，而罐身上的油滴釉则形成了另外一个视觉中心。

带有灌木丛纹饰的盖罐 本·卡特（Ben Carter），图片由艺术家本人提供。

可以将未施釉的坯体视为一块画布，例如照片中的这个罐子。有关陶瓷绘画方面的内容将在第二章详细介绍。

云景闪现 山姆·春（Sam Chung），图片由艺术家本人提供。

这位艺术家的作品个性非常鲜明，作品上的黑色及红色与白色的背景形成强烈的对比。下一章会讲述如何提高个人审美能力方面的内容。

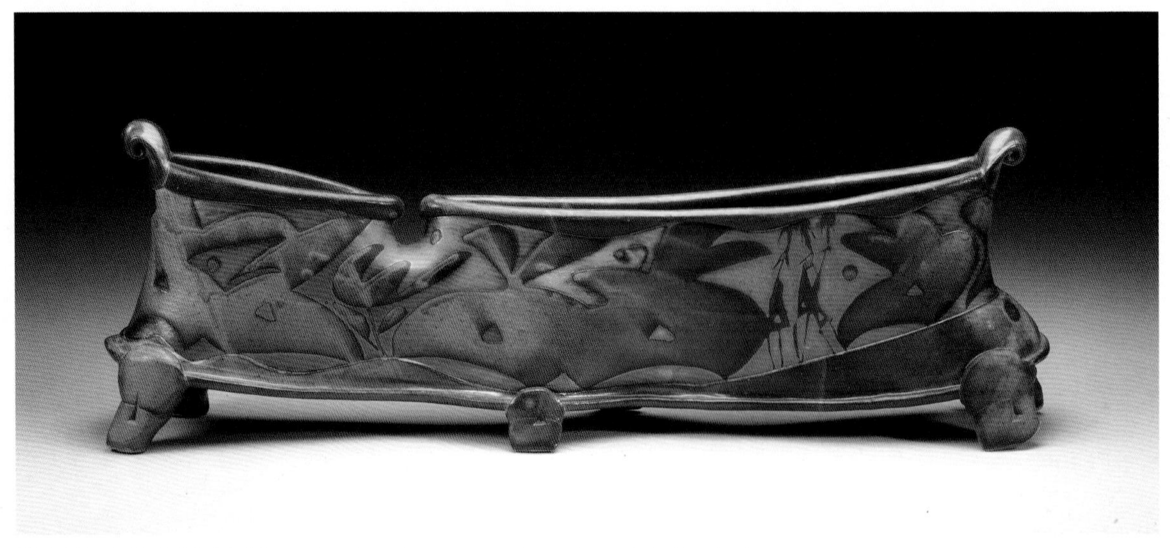

带有符号纹饰的袋形花瓶 尼克·乔林（Nick Joerling），图片由艺术家本人提供。

两种对比鲜明的釉色互相映衬。瓶身上的装饰符号是借助液态蜡创作出来的，这种方法将在第三章中详细介绍。

带有房车纹饰的盘子 劳里·卡弗里·哈里斯（Laurie Caffery Harris），图片由艺术家本人提供。

盘身上的装饰纹样非常有创意，对于陶瓷着色剂及釉下彩而言，最理想的饰面材料就是一层光洁的透明釉。有关釉下彩的更多信息，请参见第三章相关内容。

器皿 阿德里安·桑德斯特罗姆（Adrian Sandstrom），图片由艺术家本人提供。

在这件造型灵动的作品上汇聚了本书介绍的所有方法。狭长的球茎形作品上饰以泥浆、釉下彩、多种釉料及光泽彩，这些装饰方法将在后文一一介绍。

罗塞塔女士和她的朋友们 泰勒·罗伯纳特（Taylor Robenalt），图片由艺术家本人提供。

艺术家在这个由两只鸟组合而成的茶壶上运用了多种技法（釉下彩、釉色表现、光泽彩），后文将一一介绍。各种釉色在白色瓷泥的映衬下显得愈发鲜亮明艳。

小碗 德博拉·施瓦茨科普夫（Deborah Schwartzkopf），图片由艺术家本人提供。

这类器型成型速度极快，用来做釉料试片是个非常好的选择。

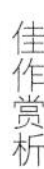

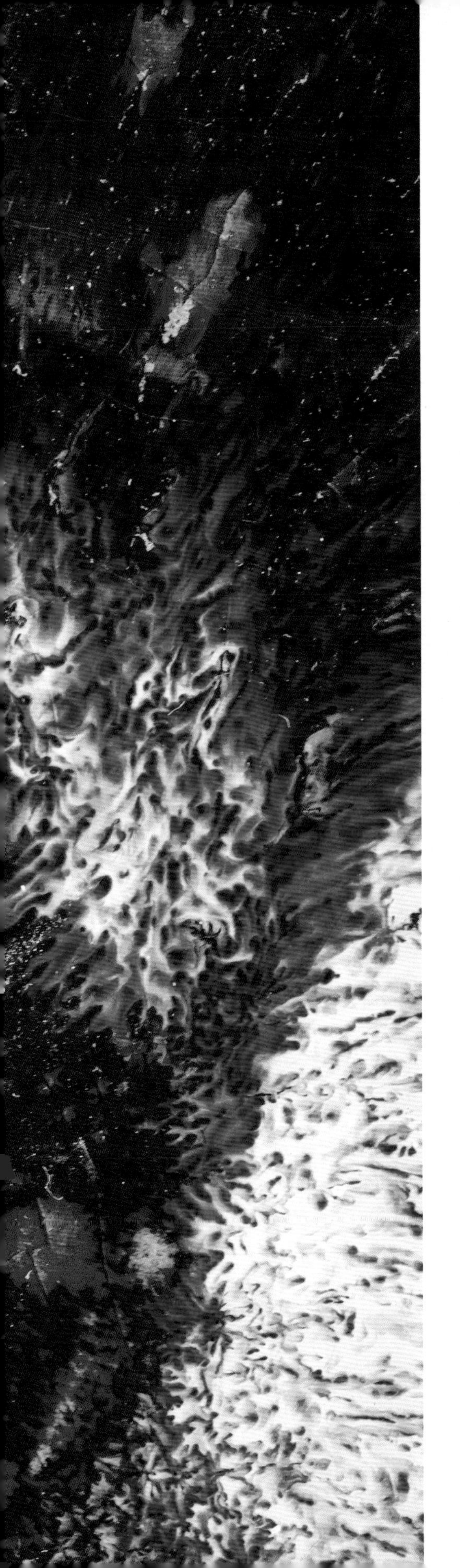

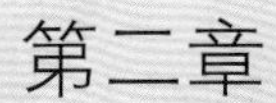

第二章

施釉方法（亦称舞蹈）

陶艺知识误区 #215：施釉是一件很无聊的事。

你可能遇到过诋毁施釉，甚至讨厌施釉的人。他们宁愿做别的事（哪怕是打扫工作室都行），也不愿意给作品施釉。这种人通常只把施釉视为完成作品的必要步骤。他们认为成型过程令人愉悦，而施釉过程则是极其无聊的。

施釉确实是一件让人担忧的工作，特别是当你创作了一件好作品，害怕它会被一种糟糕的，甚至更糟的情况——毫无趣味可言的釉料毁掉。如果你或你的工作伙伴刚好属于“讨厌施釉”阵营中的人，那么你们遭遇烧成失败的概率可能会相对更高一些。你需要以一种更正确的、更新的眼光去看待施釉！与其将施釉视为一件苦差事，还不如将其看作赏心悦目的舞蹈。观念一旦发生转变，就可以在施釉的过程中注入一份喜悦和惊奇的心态，满怀期待地去探索釉料赋予作品的无限可能性。但需要说明的是，在你可以与巨星共舞之前，首先得学会舞步。在本章中，我将为大家介绍各种施釉方法，以及如何在施釉过程中始终表现出优雅、敏捷和自信。

尽管绝大多数陶瓷艺术家很享受拉坯过程中黏土滑过手指的触觉，或者陶醉于在半干坯体上雕刻出来的美丽纹饰。但毋庸置疑的是，他们同样也会因为施釉过程中做出满意的动作，或者因为获得某种满意的效果而心生愉悦。我们将在本章中深入探讨这部分内容。为施釉过程选择一首伴奏音乐（在社区等公共环境中须戴上耳机），让我们随着节奏动起来吧！

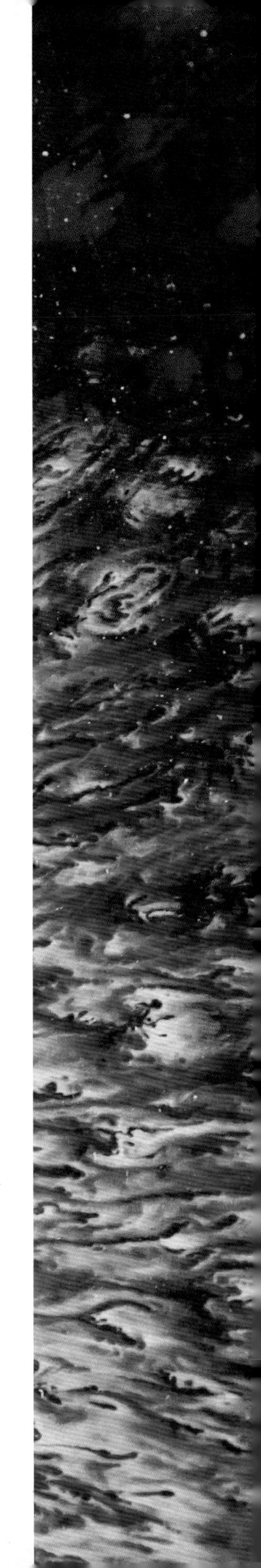

釉面设计：制定方案

稍等片刻！在正式施釉之前，我们还得制定一个方案。有目标的、系统的方法对施釉而言非常重要。假如过程是盲目的，结果通常也会无法使人满意。正如你花费了很多时间和精力从书中寻找创作灵感，并将其细心地描绘在速写本上一样，你也应该花费同样多的时间和精力仔细推敲釉料和色彩的组合形式，深入揣摩其他陶瓷艺术家的釉料给你带来的创作灵感。建议制作一个灵感板，把它放在工作室里，经常更新板上的内容。

设定创作意图

找出每件作品吸引你的点，并将其记录在灵感板上。找到一种适合你的，可以拓展创作灵感的方法。问自己一个重要的问题："我想表达什么？"不同的答案会衍生出不同的视觉效果。你所做出的包括颜色在内的任何一种选择，都是你看待世界时独特视角的外向表达。理所当然地，这也会影响到欣赏你作品的观众。画家瓦西里·康定斯基（Wassily Kandinsky）在其著作《论艺术的精神》一书中明确阐述了色彩的使用方法及其对观众的心理影响。例如，根据康定斯基的观点，牛血红釉的鲜红色和某些青瓷的冰蓝色会以不同的形式刺激观察者，换句话说，釉色的冷暖会直接影响观众的心理温度。

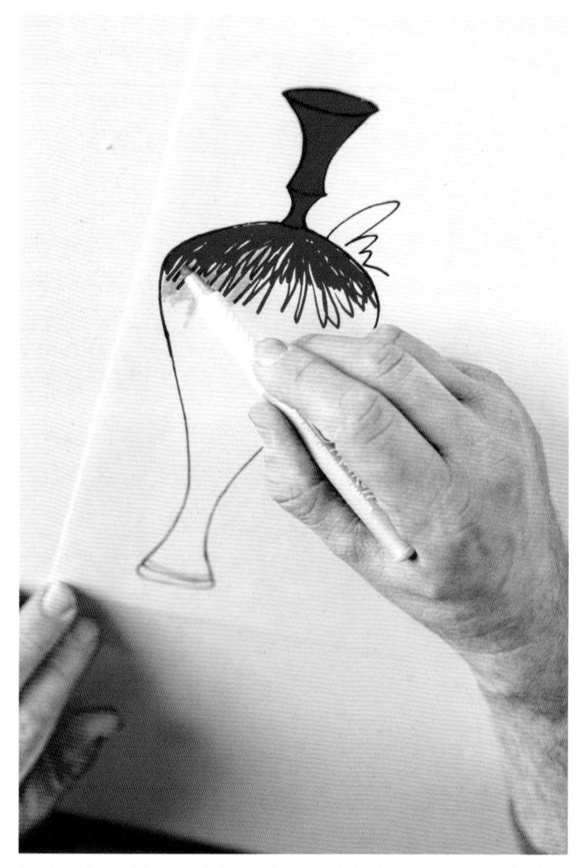

用你想用来装饰陶瓷作品的工具绘制草图是一种制定施釉方案的好方法。

彩色素描

如果立志成为一名以釉色见长的陶瓷艺术家，那么彩色素描训练非常重要，它可以使你从众多同行中脱颖而出。购买一套高品质的记号笔、彩色铅笔或油画棒——种类不限，喜欢即可。就我而言，通常先用细尖的三福牌（Sharpie）记号笔画出作品的外轮廓，然后用粗头的记号笔在轮廓内填充颜色。我通常是徒手勾画，如果想忠实地描摹出作品的比例，那就必须使用带格子的坐标纸。可以将绘制了作品外轮廓线的图纸多复印几张，在上面尝试不同的颜色。尝试各种配色方案，并从中找出最符合个人审美趣味的那一个。如果会制图软件，也可以借助计算机辅助设计软件（CAD）来设计作品和上色，而且可以提前见识到作品烧成后的模样。绘制草图是为了展现创意，不能苛求它成为杰作。同时也必须熟知在草图上标记的每一处记号的意义，这一点非常重要。时装设计师绘制的草图通常就是这种形

将造型与釉料完美结合在一起，并创造出只属于你自己的个性化美感，真的没有比这更棒的事情了。这一点在萨拉·巴莱克（Sara Ballek）设计创作的套装咖啡具上表现得淋漓尽致。

式的，他们会借助个性化的素描风格创造具有戏剧性的形象。先画草图，之后再解决技术方面的问题。

在正式开始施釉的时候，草图会起到很好的效果。你再也不会盯着一件作品茫然自问：“我该给它上点什么釉呢？”当你凝视工作室的釉料试片时，希望你的眼前会闪现出最令自己满意的釉色组合。当你在头脑中制定出施釉方案，在速写本上记录下符合个人审美的彩色釉面设计图时，彼时的你应该已经远离了“讨厌施釉”的阶段，又向着前方迈出了坚实的一步。

提高个人审美

提高个人审美听起来仿佛是一个远离现实、高不可攀的目标。实际上，在日常生活中，你做出的许多决定都可以反映出你的艺术价值观及世界观。你的时尚嗅觉、装饰生活空间的方式，都会给予你无限创作灵感。这些颜色有共同点吗？什么颜色让你最放松，感觉就像回到家一样？什么颜色让你感觉充满活力？你最喜欢什么肌理和图案？当周遭的一切都显得十分协调时，你就走对了路。

在生活的各个角落寻找能激发创作灵感的图案、设计和图像。回顾一下童年时的旧照片，最喜欢的乐队海报，观赏日落的秘密地点。从这种方式中确立起来的釉面装饰风格，无疑就是个人价值观的展现。最后，让我们再次面对那个非常简单但又十分重要的问题：“我该表达些什么？”作品上的釉料会反映出这个问题的答案，同时它也是个人风格的展现。

凯斯·科斯达德（Cayce Kolstad）和他的“完美意外”

凯斯·科斯达德有着过人的体力，我曾亲眼看见他从院子里挖出一块272kg重的石头，顺着自建的台阶，仅凭一己之力将这块巨石从烤披萨的火炉旁移到后院的射箭场去。体力超群的凯斯来自肯塔基州的列克星敦市，与他的大块头外表迥然不同的是，他在奥德赛陶瓷学校长年教授儿童陶艺课，是一位敬职敬责、和蔼可亲的老师。

“凯斯砂锅”远近闻名，由他制作的精美的炻器砂锅只要摆出来就会立刻被抢购一空。此外，他还擅长改造拉坯器皿的原始造型，以及通过切割和按压等方式改变坯体的外观。凯斯也在奥德赛陶瓷学校经常烧气窑。可以在他的陶瓷作品中隐隐感觉到中世纪，以及20世纪70年代民间陶瓷用品的影子，这种美感有着永恒的吸引力。

某次，我们在奥德赛陶瓷学校烧窑时遇到了一个令人迷惑不解的现象，标记为赖茨（Reitz）绿釉的试片（参见168页相关配方）烧成之后呈美丽的薰衣草色，要知道在通常情况下，用10号测温锥的熔点温度烧制该釉料时，其外观为黑绿相间的斑驳模样。起初我们以为这可能只是在烧窑过程中出现了某种异常情况，导致釉色变异，但随后在烧制同一批次的釉料时也出现了同样的结果。我们用剩下的釉料装饰各种各样的作品，但直到将釉料全部用光也没人说得上来这紫色是基于何种原因产生的。对此别人都没有深想，唯独凯斯紧追不放。他推测可能是有人把牛血红釉（参见165页相关配方）误认为是赖茨绿釉，这两种釉料的溶液在烧成之前都呈浅绿色，

盖罐 凯斯·科斯达德（Cayce Kolstad），图片由艺术家本人提供。

罐子上的紫色西梅釉（参见171页相关配方）是由凯斯研发的，是将牛血红釉和赖茨绿釉（参见165和168页相关配方）按照不同比例混合后获得的一种全新的釉料。

确实有可能混淆。于是他给这两种釉料做了一次线形混合测试（参见35页相关内容），实验证明在混合比例介于70%/30%和30%/70%之间时，由上述两种釉料混合而成的新釉料在烧成之后确实会呈现出一系列的紫色调。这种新釉料被命名为紫色西梅釉（参见171页相关配方），现已成为奥德赛陶瓷学校各类釉料中的中流砥柱。

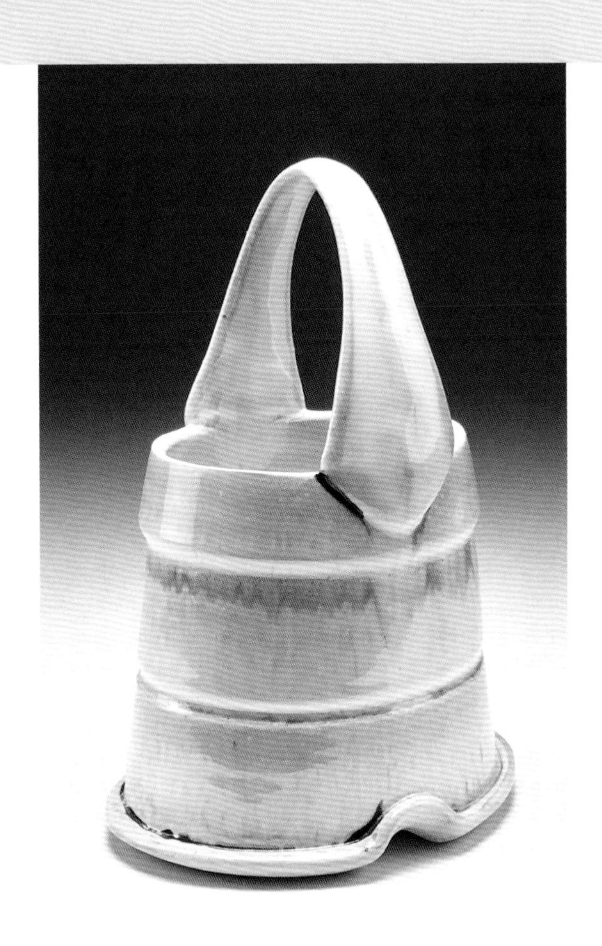

有把手的篮子 凯斯·科斯达德（Cayce Kolstad），图片由艺术家本人提供。

这件作品是用拉坯器皿改造而成的，其外表面覆盖着一层光泽度很高的釉料，釉面被器身上的刻痕分隔为若干个区域。

砂锅和盖罐 凯斯·科斯达德（Cayce Kolstad），图片由蒂姆·罗宾逊（Tim Robison）提供。

图中的砂锅就是远近闻名的“凯斯砂锅”，远处那个盖罐也是他的代表性作品。

砂锅 凯斯·科斯达德（Cayce Kolstad），图片由艺术家本人提供。

砂锅内部饰以酪乳釉（参见 162 页相关配方），这是一种经久耐用、符合食品安全标准的釉料。在食器内部饰以浅色釉料最能突出食物的美感。

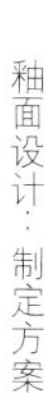

基础操作（亦称施釉之舞的编排）

到此刻为止，你已经热身过了，接下来是时候练习舞步了！把釉料和素烧坯体想象成舞伴，你就是领舞。首先，必须确保备齐了所有的工具和清洁材料。常用工具包括以下这些：一桶水和一大块海绵——用于清理滴落或溢出的釉液，浸釉钳或浸釉时戴的手套，用于淋釉的水壶，用于创作釉液纹饰的挤釉器，在喷釉亭内施釉时佩戴的防毒面具或质量上乘的防尘口罩。由于施釉是一件颇费体力的工作，所以在正式操作之前不妨先做一下热身运动。

施釉是本书的中心内容，我们的目标是在作品的任意部位饰以适量的釉料。施釉量过多时，釉液会熔融粘板；施釉量不足时，坯体难以被彻底覆盖住。施釉量无论是超标还是不足都无法获得令人满意的烧成效果。学会下文的这些技术手段之后，就有能力掌控所使用的各种材料，对于想要获得的烧成效果胸有成竹。

虽然可能需要尝试数次才能迈出第一步，但用不了多久你就可以掌握天目两步舞、志野曳步舞和草木灰釉阿拉贝斯克舞。保持轻松、愉快的心情，“旁若无人般地尽情舞蹈吧”！

比重计及深度计简介

要想在作品上施以适量的釉料，就必须注意以下几个重要因素。第一个因素是所选用釉料相对于水的密度（或称比重），釉料的比重会对施釉过程起到至关重要的影响。每次施釉之前都应当花点时间测量釉料的比重，因为釉桶内的水会蒸发，釉液的比重可能在一夜之间发生改变。需要注意的是，适用于所有釉料的通用比重值是不存在的。对于某些釉料而言，比重值较高（较黏稠）时好用；而对于另外一些釉料而言，则是比重值较低（较稀薄）时好用。必须根据所使用的施釉方法调整釉料的比重。例如，选用喷釉法为作品施釉时，需要将釉料的比重值调低一些；而借助毛笔往作品的外表面涂抹釉料时，则需要将釉料的比重值调高一些。只有通过测试，才能得知用不同施釉方法施釉时，每种釉料的理想比重（有关比重的更多信息请参见30页相关内容）。

施釉工作完成之后，可以借助深度计检测釉层的厚度。深度计是一种末端带有细针的测量工具，使用时用带针的一端刺穿釉面直达坯体表面。当深度计的尖端接触坯体的外表面时，刻度栏显示的数值即为釉层的厚度。市面上出售的深度计价格范围很广，为了节约成本，可以用陶艺工具里的钢针和尺子测量釉层的厚度。测量方法如下：首先，用钢针刺穿釉面直达坯体的外表面；其次，将拇指的指甲放在钢针与釉面的交会处；最后，用尺子测量指甲到针尖的距离，所得的数值就是釉面的厚度。当釉层厚度范围介于1～4mm时，烧成效果较理想，其具体数值取决于所选用的釉料类型。

需要重点指出的是，釉料的烧成效果在很大程度上取决于釉层的厚度，无论选用何种釉料，在正式开始施釉之前，都需要确定其最佳釉层厚度。就像前文讲过的那样，做测试和详细的记录非常重要。务必在测试记录中详细记下所选用釉料的比重、具体的施釉步骤，以及坯体外表面的釉层厚度。待作品烧成之后，再做进一步的记录。当釉面太薄时，可以通过增加釉料比重，或加大施釉量的方式改善。例如，采用浸釉法为作品施釉时，可以延长浸渍时间以使坯体吸附更多釉料；采用喷釉法为作品施釉时，可以多喷一层以使坯体吸附更多釉料。相反，当釉面太厚时，

借助深度计测量釉层的厚度。

则可以通过降低釉料比重，或减少施釉量的方式改善。例如，采用浸釉法为作品施釉时，可以缩短浸渍时间以使坯体少吸附一些釉料；采用喷釉法为作品施釉时，可以少喷一层以使坯体少吸附一些釉料。只要有问题就重新测试一遍，直到釉料的烧成效果令人满意为止。在此过程中确实需要付出很多精力，但坚持下来之后，就会拥有完美复制任意一次烧成结果的能力！

浸釉法

为作品上的某个部位或为整个作品施釉时，采用浸釉法速度最快。须根据作品的尺寸和形状选用最适宜的盛釉容器。对于瘦高的垂直形作品，借助浸釉钳或戴上橡胶手套后将其直接浸入釉桶都可以。而对于浅碗、盘子、碟子之类的扁平形作品，选择在较低、较宽的容器中浸釉更合适，例如面盆或水槽。在众多施釉方法中，采用浸釉法为作品施釉时获得的釉面最平滑。尽管釉面会在高温烧成过程中熔融，但是在施釉过程中，不小心滴落釉珠就会破坏釉面的同一性，形成色差瑕疵。为确保釉面的同一性及避免滴釉，可以凭借几种技法营造出绝对光滑的釉面。

注意事项：采用浸釉法为作品施釉时，绝大多数陶艺师会先往坯体的底足上涂抹一层蜡液。这样做是为了避免作品底足施釉，从而避免釉料熔融粘板。清除蜡液就像借助湿海绵擦除釉面一样容易。液态蜡及其详细使用方法请参见79页相关内容。

计时法

通过计时法，可以把釉料的比重与作品的浸釉时间结合在一起，创造出一种个性化的施釉方法。釉料的比重和作品的浸釉时间这两项因素都会影响坯体的吸釉量。换句话说，在作品的外表面浸上黏稠度较高的釉料和黏稠度较低的釉料，要想形成同等厚度的釉层，那么前者所用的浸渍时间明显短于后者。我们的目标是在作品的外表面上施以厚度适宜的釉料，并通过测量比重和计时法做到随心所欲地复制烧成效果。用于测量釉料比重和釉面厚度的工具多种多样。有关比重方面的内容请参见30页相关内容。

确定了釉料的比重之后，先为试片浸釉。保持相同的浸釉时间非常重要。奥德赛陶瓷学校将2秒设定为计时的起始时间。可以在脑子里默数："1、2、3、…"但发现这种数法太过主观，其速度既取决于个人表达思想的速度，也取决于精神状态。因此，还是用钟表或计时器计数更加精确。

瘦高形作品的浸釉方法：

① 将釉桶放在高度适宜的位置上，以免后背过度弯曲。最理想的高度是让桶沿与腰部刚好齐平。

② 为较大体量的作品浸釉时，须借助浸釉钳夹取或用佩戴了橡胶手套的手拿取。用于浸渍坯体的釉料须经过仔细地调和、过滤，且比重须适宜。以一定的角度将坯体倾斜浸入釉液中，以便釉液以平缓的速度流入坯体内部，而不是将坯体垂直按下，使釉液猛然冲入坯体底部。

③ 先将整个坯体浸入釉液中2～3秒，然后将其从釉液中提起来并保持口沿朝下的姿势，以便将残留在坯体内部的釉液彻底倒干净。坯体的底部与顶部相比，前者浸渍时间更长，所吸附的釉料更多，导致坯体各个部位的釉层厚度不均匀。因此，将坯体口沿朝下倒置一段时间有助于坯体底部积釉较厚处向坯体顶部积釉较薄处流动，达到令坯体各部位釉层均匀一致的目的。

④ 待坯体上不再有釉液滴下时，将其口沿朝上放在桌子上晾干。

把作品倒扣着浸釉时，其内腔中的空气会起到阻止釉液进入作品内部的作用，这一特点在分层施釉时特别有用。

扁平形作品的浸釉方法：

① 为扁平形作品浸釉时，需要使用水槽、面盆及滑动铰扁口鲤鱼钳。用钳子夹住坯体侧壁，并以一侧口沿先入，另一侧口沿后入的姿态浸入釉液。

② 务必遵循“先入先出”原则，以确保坯体各个部位的浸釉时间相等。

③ 待整个坯体彻底浸入釉液 2 秒之后将其缓缓提起，保持口沿朝下的姿势，以便将残留在坯体内部的釉液彻底倒干净。

④ 待坯体上不再有釉液滴下时，将其口沿朝上放在桌子上晾干，在坯体彻底干燥之前绝对不可以碰触它。

在作品的什么位置施釉取决于创作需要，并不一定非得通体浸釉。仅在作品的局部施一层薄薄的釉料，同样可以获得很不错的烧成效果。局部施釉时须按照创作意图有步骤地进行，既可以改变坯体的浸釉角度也可以使用液态蜡。一般来讲，对于流动性较大的复合釉而言，施釉方向须为从作品底部至作品顶部，且釉层厚度由底至顶逐渐加厚较合理。而没有流动性的复合釉则可以采用任意一种施釉方向，釉层厚度通体一致也无妨。57 页将对复合釉装饰做详细介绍，对于绝大多数复合釉而言，在作品的外表面饰以数层釉料，且每层釉料的使用量均合理才是最关键的。

借助液态蜡（请参见 79 页相关内容）将作品上不需要施釉的部位遮盖住，达到局部施釉的目的。将器皿口沿朝下倒扣着浸釉时，其内部会形成一个大气泡，借助这一特征可以达到只对器皿外部分层施釉的目的。在倒扣浸釉的过程中，需避免釉液发出“汩汩”声——在将器皿从釉液中翻转抽离时操作不当，困在其内部的空气就会从器皿口沿的某一侧逸出，气流涌出发出“汩汩”声，同时使釉液飞溅到器皿的内壁或外壁上。要想避免上述现象，就必须做到从釉液中抽离器皿时让其口沿和底足始终与地平线保持水平。在时间允许的情况下，还可以通过液态蜡避免这一问题——在器皿内部涂抹一层蜡液。

采用浸釉法为作品施釉时可以获得均匀的釉层，经过长时间的练习，采用淋釉法为作品施釉也完全可以达到相同的效果。

淋釉法

淋釉可以帮助实现只为作品局部施釉的目的——例如盘口以内区域。此外，还可以借助淋釉法为那些体量过大无法放进桶内浸釉的作品施釉，下一章将详细介绍大件作品的施釉方法，请参见相关内容。在为作品淋釉的过程中，你可以感受到惬意和美。当釉液从水罐中汩汩流出，瞬间被作品的外表面所吸附时，你可以感受到流体动力学的影响。仔细观察过牛奶缓慢流动的人都能体会这种感觉——当液体处于流动状态时别有一番美感，它可以呈现出独一无二的装饰图案。

为了确保淋釉成功，必须准备一个出水顺畅的水壶，有滴水毛病的容器可不行。此外，还需将作品架在一只桶上或其他容器上，以便回收釉料和维持场地卫生。在为作品淋釉时很难采用计时法操作，我建议大家往作品的外表面上淋两遍釉，所形成的釉层厚度与浸釉 2 秒后所形成的釉层厚度相当。

借助刷子涂釉，既可以得到均匀的釉面（上图），也可以得到变化丰富的釉面（下图）。

涂釉法

用刷子蘸着釉液为作品施釉是一件非常令人享受的事情。如果你很喜欢手握刷子时的那种感觉，那么涂釉法绝对会吸引你。用涂釉法为作品施釉时，为便于顺畅运笔，绝大多数釉料配方内都需混合添加剂。能达到此效果的釉料添加剂包括以下几种：阿拉伯树胶、甘油、液体淀粉以及如T型硅酸铝镁（Veegum T）、羧甲基纤维素钠胶（CMC）等的商业制品，以上添加剂都可以显著提升运笔的流畅性（由于每种添加剂的添加量各不相同，所以需特别注意其使用说明）。虽然使用添加剂会延缓釉面的干燥速度，但运笔会流畅很多。借助刷子为作品涂釉时，需反复涂抹很多遍才能获得均匀的釉层。通常来说，涂抹3遍所形成的釉层厚度与浸釉2秒所形成的釉层厚度相当。

有关涂釉的一些建议：

- 以交叉方向涂釉，确保笔触相互填充，以便形成均匀的釉层。
- 待底层釉料彻底干透之后再涂新釉层。
- 选用吸水量较大的软毛刷，以便作品吸附足量的釉液。用硬毛刷刷出来的釉面笔触凹凸不平，很难达到均匀的效果。陶艺师乔·坎贝尔（Joe Campbell）自制了一种专门用于涂釉的刷子，非常好用。假如某日能够获得一把由他亲手制作的刷子的话，那么千万不要失去这个机会。坎贝尔制作的刷子本身就是艺术品，使用起来令人愉悦。

除了涂抹出均匀的釉面之外，还可以借助刷子涂抹出富有装饰意味的肌理。可以直接在作品的外表面和底层釉面上用刷子蘸着釉液绘制图案或者形象，在底层釉面上绘制纹饰被称为釉中彩。

请注意，待烧试片上那一圈用挤釉法形成的红色线条（右侧试片）在烧成的过程中熔融流淌，形成一道富有动态美感的红色装饰带（左侧试片）。所使用的釉料为薄荷绿釉和春青瓷釉（参见180和173页相关内容）。

挤釉法

挤釉法也是一种行之有效的施釉方法，用这种方法可以获得其他施釉方法无法达到的烧成效果。挤釉器（可以是任何类型的挤压式瓶子）尺寸各异，从中选择一个口径最符合你要求的。既可以在釉层上挤釉，也可以在釉层下挤釉。借助挤釉器可以绘制出抽象或具象的图形，即便想要绘制出特别细的线条也完全没有问题。

将商业釉下彩颜料与透明或半透明的釉料结合使用时，可以创造出非常生动的颜色。我将美国艺术黏土有限公司生产的艳红色着色剂和春青瓷釉按照50%/50%的比例混合在一起，用6号测温锥的熔点温度烧制后呈亮红色。釉下彩颜料本身十分干涩，当把它与春青瓷釉混合使用时，它与其他釉料的融合程度显著提升。烧成后的外观是一道亮红色的线条，为混合釉料增添了一份生机与活力。

喷釉法

喷釉亭可能会让人联想到泽西海岸上用喷枪在T恤上绘制彩色纹饰的艺术家们。他们快速挥动手臂，转瞬间就可以在T恤上喷绘出各种纹饰，我对此一直感到十分惊讶。往陶瓷作品的外表面上喷釉和往T恤上喷绘图案的过程很相似，但结果却迥然不同！

喷釉的主要优点是可以借助这种施釉方法创造出具有渐变效果的釉面，这是其他施釉方法难以做到的。此外，喷釉法还具有如下优点：借助喷枪，既可以在作品的外表面上施以薄薄一层釉料，也可以在作品的某个部位上覆盖厚厚一层釉料。当作品的体量过于巨大，找不到适合容器浸釉或淋釉时，采用喷釉法为其施釉是个不错的选择。

采用喷釉法为作品施釉时，釉料与坯体的结合状态明显有异于浸釉法或涂釉法。前者是釉液雾化后附着在作品的外表面上，外观犹如一层粉末；而后两者是釉液被吸附进素烧坯体外表面的细微孔洞中。当然，如果只对准一个部位喷的话，其外观就不是粉末状了，会呈现出一定的光泽。当某个部位的釉面看起来泛着水光时，必须转而喷涂其他区域。持续喷釉，直至所需施釉部位完全被釉层覆盖住，待底层釉料彻底干透后再喷下一层。最终要达到作品外表面上釉料的吸附量与浸釉2秒后的釉料吸附量相当。

有关喷釉的一些重要建议：

- 在喷釉过程中，必须全程佩戴防毒面具或防尘口罩，以避免吸入釉雾。
- 务必在通风良好的喷釉亭内或在室外喷釉。
- 绝大多数人会将气泵的气压值设置为35～45psi。
- 用80目的过滤网将釉液仔细过滤一遍，以避免堵塞喷枪的喷嘴。
- 当釉液过于浓稠时，可以通过加水调和的方式提高其雾化性。
- 高流量低压喷枪的喷嘴具有可调节功能，可以根据需要调整釉雾的形状。普通喷枪只能喷出圆形喷雾，而高流量低压喷枪却能喷出垂直或水平的椭圆形喷雾。不同的喷涂形状可以使作品呈现不同的外观，特别是分层施釉时效果越发显著。
- 端拿或者移动喷过釉的作品时需格外小心，因为呈粉末状的釉面上极易留下指纹，而这些指纹只有在烧成之后才会显现出来！

在工作室里安装一台喷釉亭。喷釉法是试验较薄釉面，以及获得渐变效果的最佳方法。

Spray gun and extra cups are stored on top of spray booth
NAKETANO
Laguna

单釉装饰

为陶瓷作品施釉时，釉料的种类至少为一种。仅仅一种釉料也有可能呈现多种烧成效果。例如用于装饰有趣的作品外表面（参见 71 页相关图片），有时一种釉料就足够了。同样，你可能会发现有些釉料本身就很特别。

想尝试一下最适合单釉装饰的釉料吗？用以下 5 种釉料装饰作品时烧成效果极佳，它们业已成为陶瓷艺术家们公认的宝贝。其中的任意一种都能赋予陶瓷作品美丽的色彩、迷人的肌理，以及令人难忘的触觉感受。这 5 种釉料既可以单独使用，也可以和其他釉料混合使用（160 页起有这 5 种釉料的配方）。

黄盐釉（10 号测温锥）：毫无疑问，几乎每个社区的陶艺工作室内都能找到一桶黄盐釉。用还原气氛、盐烧及柴烧烧制黄盐釉时，都能呈现极佳的烧成效果。其外观通常为带有棕色斑点的暖黄色，有时用柴窑烧制呈白色。黄盐釉的釉面光泽度不太高，也没有流动性。当釉层厚度介于 2 ~ 4mm 时，其烧成效果最好（参见 170 页相关图片）。

天目釉（10 号测温锥）：经典的天目釉釉层较厚处呈深浓的亮黑色，位于作品肌理及棱边部位的釉面呈暖棕色。天目釉的色调既可以给人以肃穆，甚至阴沉的感觉，也可以让人感到心态平和。或许正是由于这个原因，它常常与喝茶联系在一起，用于装饰茶具。釉层厚度对于获得棕色及黑色色调至关重要：最佳釉层厚度为 2mm。为了突出棕色及黑色的对比效果，可以用金属质地的肋骨形工具将位于作品肌理及棱边部位的釉面刮掉一些（参见 168 页相关图片）。

木炭缎面釉（6 号测温锥）：木炭缎面釉的色调同样给人一种肃穆的感觉。其外观看起来就像是剪裁精良的羊毛套装，与其他中性色调（黑色、白色、灰色）的釉料搭配使用时烧成效果最佳。釉层较厚处呈黑色，釉层较薄处呈灰色，同一种釉料可以呈现完全互补的色调。当釉层较厚时，大约为 3mm，其烧成效果最佳（参见 177 页相关图片）。

薄荷绿釉（6 号测温锥）：这种釉料最初发表在罗恩 · 罗伊（Ron Roy）和约翰 · 赫斯尔博斯（John Hesselberth）的著作《精通烧成温度为 6 号测温锥熔点温度的釉料：提升持久性、坯釉结合度及审美价值》一书中。该釉料所呈现的绿色是一种可爱的、带有斑点的鼠尾草绿色。薄荷绿釉的外观均匀一致、肌理出众，是奥德赛陶瓷学校里最受欢迎的釉料之一。无论是单独使用还是与其他釉料混合使用，均能呈现出非常好的烧成效果。参见 59 页以薄荷绿釉为底釉，其他釉料为面釉时所呈现出来的迷人效果。薄荷绿釉的最佳釉层厚度为 2 ~ 3mm（参见 180 页相关图片）。

火花釉（05 号测温锥）：顾名思义，火花釉是一种在阳光下显现出闪烁光斑的低温釉料。底色呈暖棕色，其上布满闪耀的金色碎屑。当釉层较厚时（大约为 3mm）烧成效果最好（参见 186 页相关图片）。

复合釉装饰

虽然只用一种釉料装饰作品也没有什么问题，但你绝对不会满足于此，一定希望获得更多烧成效果，而这些效果只能通过在同一件作品上组合使用多种釉料才能实现。复合釉装饰适用于各种类型的作品，也适用于前文介绍的任何一种施釉方法。有些釉料单独使用时烧成效果很糟糕，但与其他釉料混合使用时，却能呈现出很好的效果。烧成温度为 6 号测温锥熔点温度的锶结晶魔法釉与烧成温度为 10 号测温锥熔点温度的果汁釉都有上述特点，这两种釉料的配方内均含有大量钛元素，单独烧制时都呈亚光黄白色。将它们与其他釉料混合使用时，可以呈现出包括白色结晶在内的各种各样的肌理，釉面外观看上去颇像降雪或飞泻直下的彩虹瀑布（参见 59、60、62 和 63 页相关图例）。

虽然很多艺术家都将他们的釉料配方及其配比形式视为机密，但我一直很乐于和学生们分享我的秘密。当学生们尝试这些复合釉时会激发出浓厚的学习兴趣，他们在实验过程中创造出来的新配比形式能更好地代表其个人审美观。用不了多久，他们就能创作出融混合和变奏于一体的个性化舞曲。基于上述原因，以下将给大家介绍 12 种经过验证的复合釉。建议大家挨个测试，但需要注意的是，烧成效果会因作品所选用的坯料类别而有所不同。在此之后，按照自己的审美趣味尝试改变其原有配比形式，创造出具有个人风格的新配比形式。釉料学习之旅犹如探险：先追踪前辈的脚步，适时再走向自己的目的地。

在深入学习之前，介绍几项复合釉装饰的参考准则：

- 烧制复合釉时会出现“共熔”现象，即把两种或两种以上原料混合烧制时，其熔点比单一原料的熔点低。就陶艺而言，这意味着只使用一种釉料装饰作品时，釉料的流动性可能不会太大；但是当将多种釉料组合在一起装饰作品时，釉料极有可能熔融粘板。因此，烧制复合釉装饰的作品时务必使用陶瓷垫板（陶瓷垫板由耐火黏土烧制而成，在烧窑的过程中用于摆放坯体，更多详情请参见 140 页相关内容）。在彻底了解某种复合釉的烧成特点之前，不要把第二种釉料的装饰位置喷得太低，让其位于坯体上部 1/3 区域内即可。对于阶梯式组合——即组合内容不限于 2 种釉料，还包含第 3 种甚至第 4 种釉料—— 建议先将后两种釉料的喷涂位置控制在坯体上部 1/4 区域内，或者只在作品口沿处使用，至少在刚开始学习时先这么做。
- 在作品的外表面饰以多种釉料极易导致釉料的总吸附量超标。釉层过厚时会出现开裂、剥落现象，可以借助以下方法避免：将后几种釉液加水稀释，以降低其黏稠度；采用浸釉法为作品施釉时，有意缩短浸釉时间；借助刷子或喷枪将釉层喷涂得薄一些。
- 待底层釉料彻底干透再喷涂新釉料。在某些情况下，须借助风扇加速坯体干燥，或在夜晚时将坯体置于室外阴干。在将作品放入窑炉中烧制之前，先确保最上层釉面已经彻底干透。

12 种经过验证的复合釉

烧成温度为 6 号测温锥熔点温度的复合釉

绿洲釉

1. 将整个坯体浸入奥德赛白色亮光釉中。
2. 将坯体顶部 1/3 处浸入春青瓷釉中。
3. 将坯体口沿浸入锶结晶魔法釉中。

黑色礼服釉

1. 将整个坯体浸入奥德赛白色亮光釉中。
2. 将坯体顶部 1/3 处浸入春青瓷釉中。
3. 将整个坯体浸入木炭缎面釉中。

火湖釉

1. 将整个坯体浸入肥猫红釉中。
2. 将坯体顶部 1/3 处浸入春青瓷釉中。
3. 将坯体口沿浸入薄荷绿釉或者奥尔蓝釉中。

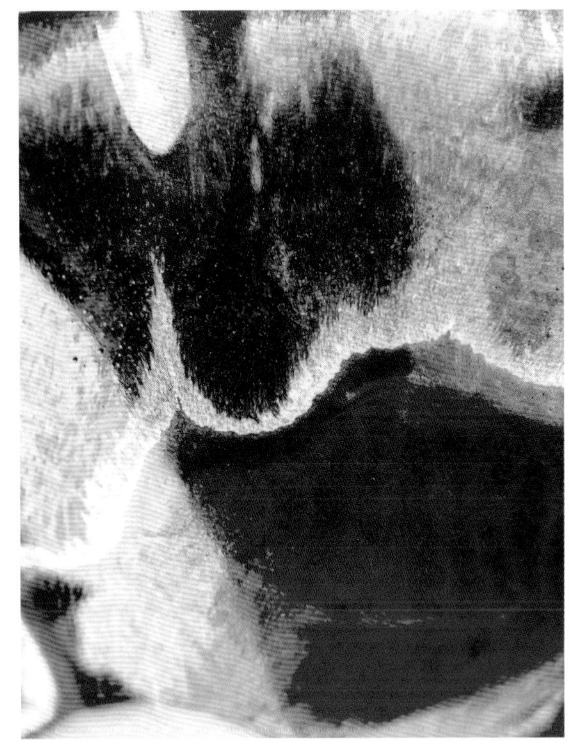

皮斯加森林釉（22 页亦有图例）

1. 将整个坯体浸入薄荷绿釉中。
2. 将坯体顶部 1/3 处浸入春青瓷釉中。
3. 借助挤釉器在口沿向下 1/4 处挤一道红釉线条。
4. 将坯体口沿浸入锶结晶魔法釉中。

午夜缅因釉

1. 将整个坯体浸入奥尔蓝釉中。
2. 将坯体顶部 1/3 处浸入春青瓷釉中。
3. 借助挤釉器在口沿向下 1/4 处挤一道红釉线条。
4. 将坯体口沿浸入锶结晶魔法釉中。

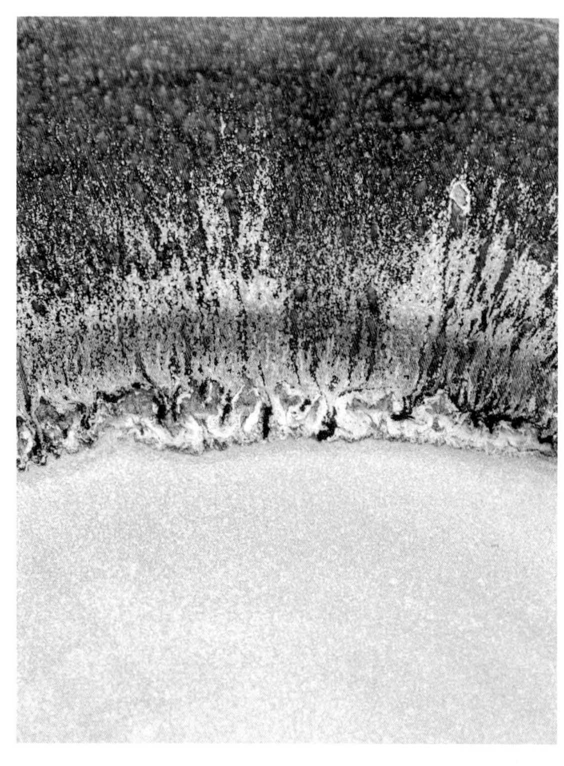

圣约翰浮潜釉

1. 将整个坯体浸入春青瓷釉中。
2. 将坯体顶部 1/3 处浸入锶结晶魔法釉中。
3. 借助挤釉器在口沿向下 1/4 处挤一道红釉线条。
4. 将坯体口沿浸入奥尔蓝釉中。

森林海滩釉（132 和 143 页亦有图例）

1. 将整个坯体浸入罗杰（Roger）研发的绿色釉中。
2. 在整个坯体的外表面上喷涂黄色盐釉。

沙漠日出釉（45 页亦有图例）

1. 将整个坯体浸入紫色西梅釉中。
2. 在整个坯体的外表面上喷涂黄盐釉（将两种釉料的位置关系对调之后也能呈现出很好的烧成效果——把黄盐釉作为底釉使用，把紫色西梅釉作为面釉使用）。

西部荒野釉

1. 在坯体顶部喷涂锶结晶魔法釉。局部喷得厚一些，让釉层堆积起来。
2. 将坯体底部 4/5 处浸入大幡卡其釉中。
3. 将酪乳釉倒进坯体内部，稍候倒出。
4. 将坯体顶部 1/4 处浸入酪乳釉中。

火星生物釉（40 和 41 页亦有图例）

1. 将整个坯体浸入牛血红釉中。
2. 在坯体的外表面上喷涂果汁釉，局部喷得厚一些，让釉层堆积起来，其他部位呈渐变效果。
3. 将酪乳釉淋在坯体的外表面上。
4. （可选）将坯体口沿浸入凡・吉尔德（Van Guider）研制的蓝色草木灰釉中。

彩虹瀑布森林釉（本书封面亦有图例）

1. 在坯体的外表面上喷涂果汁釉，局部喷得厚一些，让釉层堆积起来，其他部位呈渐变效果。
2. 将坯体底部 4/5 处浸入赖茨（Reitz）绿釉中。
3. 将酪乳釉倒进坯体内部，稍候倒出。
4. 将坯体顶部 1/4 处浸入酪乳釉中。

苔原日落釉（8 页亦有图例）

1. 将坯体底部 4/5 处浸入紫色西梅釉中。
2. 将酪乳釉倒进坯体内部，稍候倒出。
3. 在坯体顶部喷涂锶结晶魔法釉，局部喷得厚一些，让釉层堆积起来，其他部位呈渐变效果。
4. （可选）将坯体口沿浸入凡·吉尔德（Van Guider）研制的蓝色草木灰釉中。

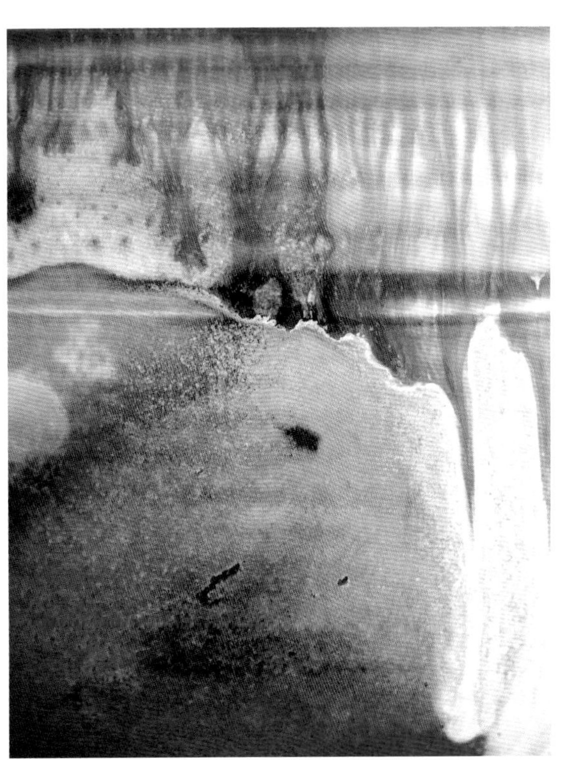

常见问题及其解决方法

即便是精通釉料的陶瓷艺术家，也难免会遇到一些问题。以下是施釉过程中可能遇到的几个问题及其解决方法。

浸釉钳与坯体接触处无釉：使用任何一种浸釉钳都有可能出现这种问题，这和釉料本身无关。待釉面彻底干透后，用刷子蘸一些釉将空白的区域补涂一下即可。

釉面未将坯体彻底覆盖住：釉液太稀薄。提高其浓稠度，或延长浸釉时间均可。

入窑烧制之前釉面开裂、剥落：釉层太厚。唯一的补救方法是将附着在坯体外表面上的釉料全部洗掉，待其干燥 24 小时之后再次施釉。降低釉液的浓稠度，或缩减浸釉时间。

釉面上不慎粘上釉滴：尽管偶尔也能呈现出不错的烧成效果，但在绝大多数情况下都不尽如人意。将坯体从釉液中抽离出来之后即刻将其倒扣在釉桶上，可以避免沾染釉滴。待坯体不再滴釉时再将其翻转过来放置。釉面不慎粘上釉滴时，可以借助金属肋骨形工具或手套将其修整平滑。

后几层釉料的吸附量不足：延长底层釉面的干燥时间，或借助风扇强化底层釉面的干燥效果。确保底层釉料彻底干透之后再喷涂其他釉料。

釉面薄厚不均：正式施釉之前先将釉液充分搅拌一番，以避免沉淀。每隔 3 ~ 4 分钟搅拌一次。此外，为扁平形作品浸釉时务必遵守“先入先出”的原则，将器皿从釉液中抽离出来之后即刻将其垂直竖立起来。

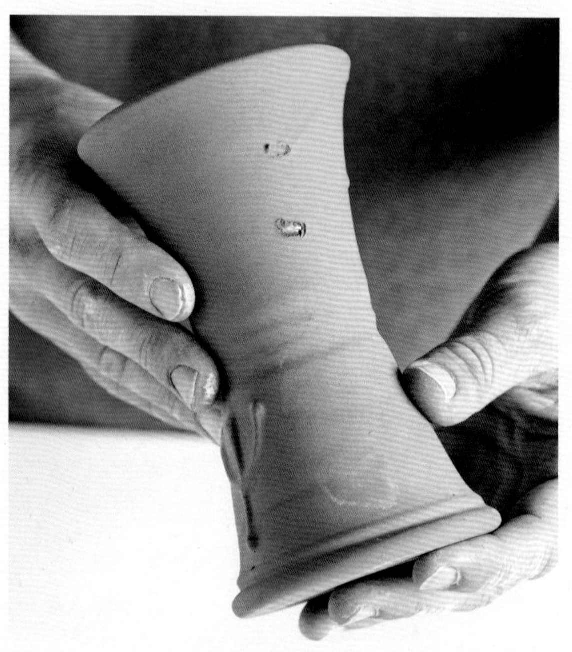

釉面开裂（上图）意味着釉层太厚了。浸釉钳与坯体接触处无釉（下图）是借助钳子为作品施釉时不可避免的，只要用刷子蘸一些釉将空白的区域补涂一下即可。

佳作赏析

手绘盘子 山姆·斯科特（Sam Scott），图片由艺术家本人提供。

笔触随意且自信，图案简洁却不简单，展现出艺术家良好的掌控能力。

带有手工瓶颈的黑白花瓶 山姆·斯科特（Sam Scott），图片由艺术家本人提供。

艺术家采用淋釉法为作品施釉，倒釉时非常谨慎，每倒一次就形成一块黑色斑点。外观效果类似于经过数千年磨平的鹅卵石。

茶杯 史蒂文·希尔（Steven Hill），图片由艺术家本人提供。

艺术家借助喷枪分层施釉，不同釉色过渡非常自然，展现了琥珀色釉料和蓝色釉料之间的互动关系。注意看两种釉料之间的绿色和黄色。

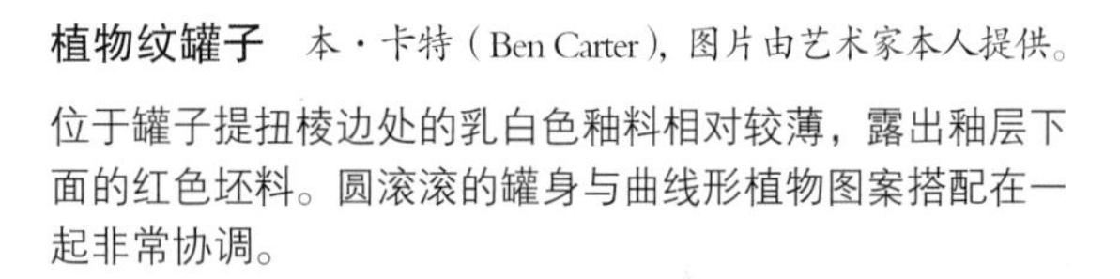

植物纹罐子 本·卡特（Ben Carter），图片由艺术家本人提供。

位于罐子提扭棱边处的乳白色釉料相对较薄，露出釉层下面的红色坯料。圆滚滚的罐身与曲线形植物图案搭配在一起非常协调。

云纹葫芦瓶 山姆·春（Sam Chung），图片由艺术家本人提供。

光泽度极好的白色釉料构成了干净纯洁的背景，红色及黑色突出了瓶子的雕塑感。

飞碟花瓶 尼克·乔林（Nick Joerling），图片由艺术家本人提供。

瓶颈部位是由肋骨形工具棱边刻画出来的波浪线，该位置是瓶身上两种釉料的最佳过渡区域。

茶壶 德博拉·施瓦茨科普夫（Deborah Schwartzkopf），图片由艺术家本人提供。

深色无光釉与浅色光泽釉对比强烈，愈发突出了茶壶外观的形式美感。

黑罐子 阿德里安·桑德斯特罗姆（Adrian Sandstrom），图片由艺术家本人提供。

无论是罐子的外形还是罐身上的装饰，都是吸引观众的重要元素。让观众按捺不住好奇心想看看罐子另一侧的纹饰变化。

黑白茶壶

山姆·斯科特（Sam Scott），图片由艺术家本人提供。

在白色底釉上滴黑色釉滴，从黑色斑点的方向来看，可以推断既有从顶到底滴的，也有从底到顶滴的。不同的滴釉方向使作品外观呈现出律动感。

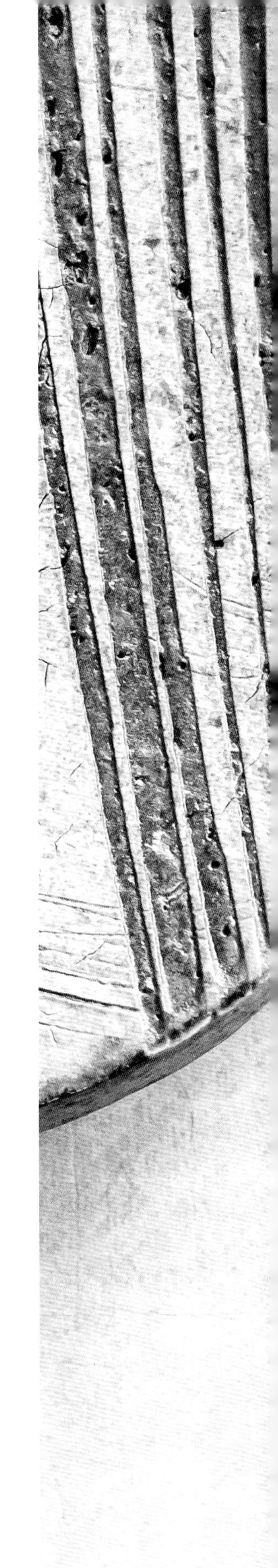

第三章

深入学习施釉方法

陶艺师大约需要经过 1 ~ 3 次的历练之后才能彻底掌握基本舞步——第二章中介绍的各类施釉方法。尽心竭力地去专研一套釉料及其配比，学成之后你一定会有满足感——你也应该有满足感！掌握施釉技术，哪怕是最基础的技术也是一个不错的开始。当你开始感到满足的时候，或许很想休息一下，但我建议你与我一起继续这段美好的旅程。将本章中介绍的技法逐一测试一番，注意作品是否有所变化，以及你要表达的层次是否在向着更高的方向发展。只有通过不断地探索，你才能发现前所未有的釉料配比形式及釉色搭配方案，继而为整个陶瓷行业的持续发展做出贡献。

寻求变化，以及即兴创作都有利于形成个人风格，它们可以将你的想法与静态的作品完美地结合在一起。与其只埋头于已经掌握的技法或者只做实验，不如将这二者联系在一起。先确定出一种作品外观样式和一套釉料表现手法，然后在此基础上即兴发挥或者寻求变化。如果你心中已经想好了要做什么，那么按照你的想法去实施就好。但假如某个周末，你突然灵感爆发，而手上又刚好有一次性杯子，那么是时候开启一段即兴创作的新征程了。将一直以来沿用的施釉方法或施釉步骤做些改变，看它们在烧成之后会呈现出什么样的效果。这种即兴创作能反映出你目前所达到的水平，可以给你提供一个展示个性及展示世界观的平台。

营造层次感

让我们从如何在釉面上营造层次感开始讲起。对于氧化气氛中温釉料而言，陶艺师们最常抱怨的是釉面外观枯燥，缺乏柴烧及苏打烧所能达到的釉面层次感（参见120页相关内容）。之所以出现这种情况，是因为电窑烧成是一种稳定的中性气氛。也就是说，烧成本身仅起到熔融釉料的作用，并没有对其造成其他方面的影响。目前，电窑烧成既是所有烧成方法里最简单易行的，同时在增添釉面趣味性方面也是最富挑战性的。值得庆幸的是，可以通过很多方法在电窑中烧制出层次感丰富且外观令人惊艳的釉料。

图中的花瓶和杯子是由洛里·卡弗里·哈里斯（Laurie Caffery Harris）设计制作的。借助刻痕和釉下彩可以营造出很好的釉面层次感。

即便是同一种釉料，也会因作品所用坯料的类型不同而呈现出迥异的外观。左边是用奥德赛高光白釉装饰棕色炻器坯料时呈现出来的外观，右边是用同一种釉料装饰瓷器坯料时呈现出来的外观。

拓展釉色最简单的方法是用同一种釉料装饰不同种类的坯料。试验方法多种多样，比如分别在深棕色炻器坯料、瓷器坯料、赤陶坯料上喷涂同一种釉料，三者烧成后的外观完全不同。可以将工作室里的各类坯料做成试片，并在其外表面涂上自己最喜欢的釉料作此实验。

但是，绝大多数陶瓷艺术家更倾向于只使用某种特定的坯料。他们熟悉和欣赏这种坯料的独特品质，觉得用这种坯料创作作品时的感觉最好。假如你也只对某一种坯料情有独钟，这并不意味着你就无法拓展出更多的烧成效果。在不更改坯料的前提下，尽量多尝试一些方法，丰富作品的外观，让釉料呈现出更加多变的烧成效果。

泥浆、化妆土、封面泥浆

在陶瓷作品的外表面上罩一层薄薄的泥浆、化妆土、封面泥浆，其作用和效果等同于巧克力豆外表面上的彩色糖衣。泥浆即液态黏土，可以根据创作需要任意设定涂层的厚度。选用你最喜欢的坯料制作陶瓷坯体，之后在其外表面上局部或通体涂抹一层彩色泥浆，由于坯体与泥浆的色调不同，故而能借此营造出层次美感。釉层与泥浆层相互反应并呈现出有别于坯料的烧成效果。在一件作品的局部涂抹泥浆，之后通体喷涂一种釉料，烧成之后你会发现涂了泥浆的部位和没涂泥浆的部位外观效果迥然不同。

采用挤泥浆法装饰作品时，泥浆的比重值需超过 2.00；采用浸泥浆法装饰作品时，泥浆的比重值需为 1.25。在一般情况下，泥浆通常都是涂在半干坯体或彻底干透的坯体上，具体时机取决于泥浆的配方及收缩率，有些泥浆配方是专门为素烧坯体设计的（参见 192 ~ 194 页相关配方）。

化妆土和泥浆差不多，但前者配方内黏土所占的比例相对较少，二氧化硅所占的比例相对较多。因此，化妆土的光泽度相对较高，可以用它装饰素烧坯体。需要注意的是，在正式使用之前，所有泥浆和化妆土都需要仔细过滤。

在入窑烧制之前，泥浆及化妆土的外观和一致性与釉料非常相似。此外，第二章中介绍的各种施釉方法和本章中介绍的各类创意十足的技法也适用于泥浆及化妆土。在常规技法中加入一些创意，不仅可以为作品增添视觉趣味，还可以帮助形成个人风格。

挤泥浆Ⓐ、涂泥浆Ⓑ、淋泥浆Ⓒ、浸泥浆Ⓓ。

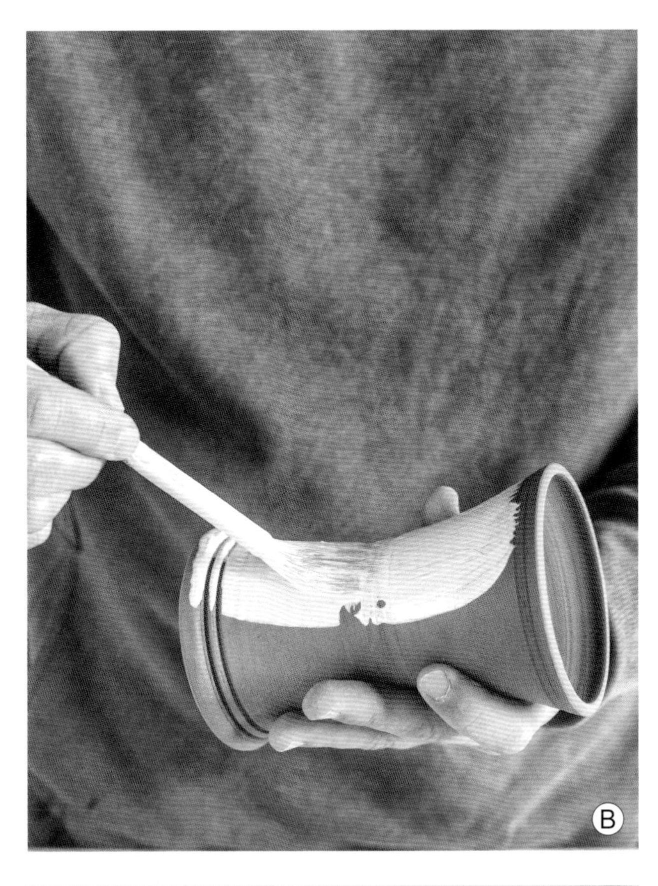

封面泥浆是一种经过仔细研磨的液态黏土，烧成后具有一定的光泽度，表面经过抛光后光泽愈发明显。既可以用它代替釉料，也可以将它和釉料混合使用。封面泥浆通常都是涂抹在彻底干透的坯体上，像釉料一样，可以通过往其配方内添加氧化物，或马森牌（Mason）陶瓷着色剂的方式为其着色。74 页图中的低温植物纹盘子是由奥德赛陶瓷学校前主任辛西娅·李（Cynthia Lee）设计制作的，盘身上涂着一层封面泥浆。配制封面泥浆时仅需要准备三种原料：黏土、水、抗絮凝剂（一种令溶液保持悬浮状态的原料）。其配制过程颇费些时间：首先，将 10g 抗絮凝剂溶入 3.8L 水中，最常使用的抗絮凝剂为达文 7 号（Darvan 7）或硅酸钠。其次，往溶液内添加 1.1kg 黏土、球土或红艺黏土（Redart），并将其闲置一晚。次日，溶液中的各类成分会沉淀成三个层次。封面泥浆位于中间层，可以借助医用注射器将其抽取出来。位于上层的稀薄溶液及下层的淤泥都不能要。还可以根据创作需要往封面泥浆内添加着色剂（参见 195 页相关配方）。

挂盘 辛西娅·李（Cynthia Lee），图片由艺术家本人提供。

盘子内部绘满了花卉纹饰，彩色封面泥浆散发出柔和的光泽。

花卉形雕塑

辛西娅·李（Cynthia Lee），图片由艺术家本人提供。

封面泥浆和金属丝、串珠结合在一起，为这件花卉形雕塑增添了蓬勃的生机。

图中的盘子是由纳伊姆·卡什（Naim Cash）设计制作的。艺术家先在盘身上涂一层黑色泥浆，之后借助工具刻画花纹，露出泥浆层下的白色坯体。最外层的釉料是奥德赛陶瓷学校自制的透明釉（参见175页相关配方）。

鱼露泥浆

在奥德赛陶瓷学校的工作室里一直珍藏着一种神秘的泥浆配方，我们将其命名为鱼露泥浆。它的独特之处在于不仅容易操作，而且其烧成温度范围极广。不同于其他泥浆，鱼露泥浆的烧成温度可以从05号测温锥的熔点温度一直延伸到10号测温锥的熔点温度。工作室长年储备着四种类型的鱼露泥浆：白色鱼露泥浆（基础配方）、黑色鱼露泥浆、绿色鱼露泥浆、蓝色鱼露泥浆。其浓稠度提高时，适用挤泥浆法；其浓稠度降低时，适用涂泥浆法；进一步稀释时，适用浸泥浆法。

涂抹鱼露泥浆的最佳时机是坯体未变色之前，即处于半干状态时。否则，在坯体干燥的过程中极易出现泥浆层开裂、剥落的现象。193页收录了鱼露泥浆的配方。可以通过往鱼露泥浆配方内添加氧化物或马森牌（Mason）陶瓷着色剂的方式为其着色。193页列出了最适合为鱼露泥浆着色的氧化物名单。

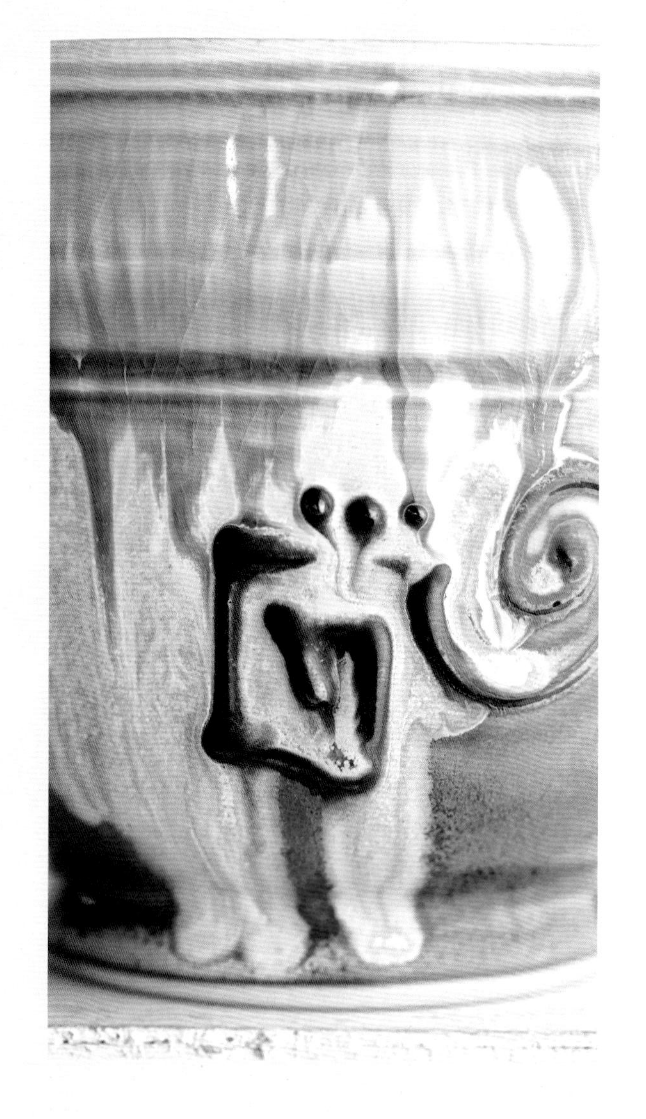

挤泥浆法同样适用于鱼露泥浆，这件作品外表面上的黑色浮雕状图案就是用挤泥浆器挤出来的。

商业釉下彩

市面上出售的釉下彩由黏土和陶瓷颜料精心调配而成，形式多种多样，包括釉下铅笔、釉下马克笔、釉下水彩及釉下油彩。陶艺师们最常购买使用的釉下彩呈彩色泥浆状，适合笔涂。一般而言，釉下彩多位于釉层的下方，这也是其名字的由来。但实际上也可以将它绘制于釉层之上或两层釉料之间。商业釉下彩的品种异常丰富，如非常鲜亮的红色、橙色及黄色，这类颜色的配方属于专业级别，普通的陶艺师很难配制出来。釉下彩适用于任意干湿程度的坯体：往未经烧成的素坯上绘制釉下彩纹饰，其附着程度最佳；往素烧坯体上绘制釉下彩纹饰，一旦画错了还能将其洗掉重新修改。此外，还可以将釉下彩与除釉技法结合在一起使用（参见81页相关内容）。

用液态商业釉下彩装饰作品时，借助刷子将

商业釉下彩的涂层宜薄不宜厚，涂层过厚时颜色会显得很突兀。图中的盘子是由劳里·卡弗里·哈里斯（Laurie Caffery Harris）设计制作的。艺术家在绘制釉下彩纹饰时使用了一种更具绘画感的风格。

其涂抹到坯体的外表面上，须反复涂抹 2 ~ 3 层之后才能彻底覆盖住坯体。确保底层釉下彩彻底干透后再涂下一层。由于釉下彩没有流动性，所以特别适用于绘制细节丰富的图案。

和泥浆一样，在某一种釉料下方绘制不同颜色的釉下彩纹饰，烧成后可以呈现出各种各样的外观效果。先在试片上绘制不同颜色的釉下彩图案，然后在其上喷涂一种釉料，入窑烧制，观察能出现几种全新的烧成效果。

先在坯体的外表面上涂抹陶瓷着色剂，之后用海绵擦拭一遍，这样做可以突出装饰元素。

绿色威士忌酒杯 迈卡·坦豪泽（Micah Thanhauser），图片由艺术家本人提供。

蓝色威士忌杯 迈卡·坦豪泽（Micah Thanhauser），图片由艺术家本人提供。

这两只杯子的外表面上覆盖的都是同一种釉料，唯一的区别是：上图中绿色酒杯坯体上涂的是氧化铜，而下图中蓝色酒杯坯体上涂的是氧化钴，对比发现底色会对罩在其上部的面釉造成显著影响。用来装饰两只杯子的面釉是吉纳研发的缎面亚光釉，参见176页相关配方。

陶瓷着色剂

陶瓷着色剂是彩色氧化物的溶液，有时其配方内会添加少量黏土或熔块（一种经过预烧的商业釉料），这些添加物能起到增强坯体和着色剂粘结程度的作用。由于陶瓷着色剂的呈色能力过强，故而陶艺师们通常会用湿海绵将着色剂涂层擦薄一些，故意露出一部分坯体的颜色。附着在高耸部位上的着色剂被湿海绵擦掉，附着在刻痕之类的低洼部位里的着色剂被保留下来，二者之间的区域过渡自然，装饰纹样因此得以强调。陶瓷着色剂会对覆盖其上的釉料造成显著影响，这一点在迈卡·坦豪泽（Micah Thanhauser）设计制作的结晶釉威士忌酒杯上表现得淋漓尽致（参见本页相关图片）。陶瓷着色剂通常被作为釉下彩绘制在素烧坯体的外表面上，但是也可以作为釉上彩绘制到釉层上面。二者之间的区别是，在烧成的过程中，前者的流动性相对较大（195页收录了陶瓷着色剂的配方）。

除釉技法

本书的重要内容之一是如何在一件陶瓷作品的预定部位上饰以适量的釉料。但是，假如不想通体施釉，又该如何操作呢？针对这种需求，我给大家介绍几种除釉技法。

建议大家把各种除釉技法组合使用，它们能为作品带来更强烈的层次感、更丰富的形象、更迷人的色调。例如，可以将贴纸、胶带、模板和液态蜡结合，在同一件作品的外表面上组合运用上述技法，有助于增强它们之间的相互作用。技法不同所生成的线条质感也不同：棱角硬朗的、弯曲流畅的、具象的或抽象的。相信很快你就会发明出一种旁人为之赞叹的坯体装饰风格。

矩形盘子上的白色纹饰就是用除釉技法做出来的。

液态蜡

市面上出售数种液态蜡，福布斯牌液态蜡和阿芙图萨牌（Aftosa）液态蜡都是水性蜡。这两种液态蜡操作简单，适用范围非常广泛。美孚牌液态蜡目前已经停产了，很难在市面上找到，这种液态蜡是油性蜡，与福布斯牌液态蜡和阿芙图萨牌液态蜡相比，美孚牌液态蜡的黏稠度更高，持久性更强，但也因为过于黏稠很难运笔，因而很少用于陶瓷装饰。使用时将液态蜡涂抹于坯体的外表面上，需要经过一段时间之后才能最有效地发挥作用。至少要等 15 分钟，待蜡层的光泽彻底消失之后才能施釉。用于施釉时，其最佳等待时长为 1 小时；用于坯体装饰时，其最佳等待时长为一夜。液态蜡在干燥后呈亚光白色，与白色坯料混杂在一起很难区分，往蜡液中添加一些食用色素为其着色，便于辨别坯体何处涂过蜡液，阿芙图萨牌液态蜡在生产过程中便经过了着色处理。每 3.8L 液态蜡中仅需添加 10 ~ 20 滴食用色素即可。每当看到食用色素在蜡液中四散开来时，我的脸上都会浮起笑容（我们不仅要学会享受结果，还要学会享受过程）。

残留在坯体底板上的釉料会在烧制的过程中熔融粘板，作品和窑具都会因此而损坏。当选用的釉料流动性较大时，最好将坯体底板连同侧壁处的蜡层涂高一些（0.6cm）。有些陶艺师将石蜡和蜂蜡混合在一起，放在电磁炉上熔成蜡液使用。这种自制的蜡液适用于快速遮盖坯体底足，不适合用刷子涂抹。这种方法须在通风良好的环境中进行，并确保在完成之后及时关闭炉子，因为这种自制的混合蜡液极易引发火灾。当坯体上不需要涂抹蜡液的部位不慎沾染蜡液时，可以用纯度为 90% 的酒精将其擦掉，绝大多数药店都出售此纯度的酒精；此外，也可以通过复烧的方式去除蜡层。

大多数陶瓷艺术家都借助往坯体底板上涂抹液态蜡的方式来预防釉料粘板。

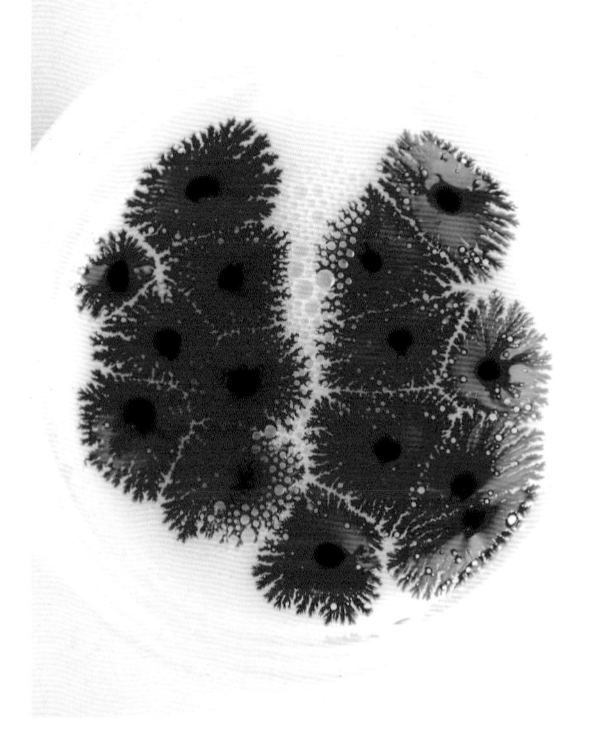

当看到食用色素在蜡液中四散开来时，你一定会非常震撼。

茶碗 迈克尔·克莱恩（Michael Kline），图片由蒂姆·巴恩韦尔（Tim Barnwell）提供。
器身上的印花装饰和由液态蜡绘制而成的纹饰形成鲜明的对比。蜡液中添加了着色氧化物。

适用于盖子的液态蜡

在烧窑的过程中，盖子很容易粘在器皿的口沿上，往液态蜡内添加少量氢氧化铝（窑具隔离剂的主要成分之一）可以避免这个问题。每杯液态蜡添加一茶匙氢氧化铝就足够了。先将经过调配的蜡液涂在盖子与器皿口沿相接触的地方，之后再施釉，最后入窑烧制。

涂在素烧坯体外表面上的蜡层会在烧窑过程中被烧掉，暴露出蜡层以下的坯体，可能由此产生戏剧性的外观效果。例如选用的坯料在高温环境下呈现出某种颜色，该色调会与釉面形成对比或补充的关系。但是，需要注意的是：不宜在日用陶瓷产品的表面使用这种方法，以避免食物直接接触坯体上的无釉部位。

除上述方法外，还可以更有创造性地使用液态蜡。例如，用复合釉装饰作品时，仅在其中的某一层釉料涂抹蜡液。被蜡层覆盖住处底釉和面釉会交融展现；而未被蜡层覆盖住处仅有底釉可以展现出来。再如，想在有釉下彩纹饰的部位罩一层透明釉，在没有釉下彩纹饰的部位罩有颜色的釉料，那么只需要在釉下彩纹饰上涂抹一层液态蜡即可。因为当整个作品浸入有色釉料中时，蜡层会使釉料远离装饰区域。最后，还可以往液态蜡中添加着色氧化物或马森牌（Mason）陶瓷着色剂来为其着色。每 3.8L 液态蜡中添加一茶匙着色剂就足够了。

注意事项：液态蜡会腐蚀刷子。每次涂完蜡液一定要将刷子冲洗干净，或准备一把只用于涂抹液态蜡的刷子，不用时必须将其浸入水中。刷毛内残留蜡液的刷子会在短时间内硬化成块，无法再次使用。

由于乳胶固化后是可以被剥落的，所以还有使用其他釉料装饰坯体的机会。

乳胶

在众多除釉技法中，液态乳胶也是经常被使用的原料之一。液态乳胶虽有一股刺鼻的气味，但尚在可承受的范围之内。液态乳胶的独特之处在于：一旦干燥之后就可以将其从附着面上剥离开来。基于这一特性，可以先将液态乳胶涂抹在素烧坯体的外表面上或底层釉面上，之后通体喷涂一层底釉（或面釉），待釉面彻底干透之后再将乳胶层揭掉。在揭开乳胶层的过程中极易出现釉层扬尘的现象，所以必须全程佩戴防尘口罩。揭掉乳胶层的部位既可以不做任何处理，也可以再罩一层釉料。被乳胶层覆盖的区域内不会沾染任何外来物质，可以按照自己的设计意图任意处理。

胶带

可以借助各种胶带阻隔釉下彩颜料、陶瓷着色剂和釉料。油漆工人用的胶带、艺术家用的胶带和普通的家用密封胶带都可以用。艺术用品商店、五金店及网上出售各种厚度（0.3 ~ 1cm）的家用密封胶带。如果喜欢线条纹饰或棱角分明的几何图形，那么借助胶带创造出来的线条远比徒手绘制的硬朗得多。使用时先将胶带贴合到理想的装饰部位上，之后用手指轻轻地来回按压几遍，以确保胶带边缘与作品外表面之间完全密封。有时难免会出现釉料顺着胶带边缘渗透到覆盖区域下面的情况，此时只需用陶艺钢针将多余的釉料刮掉即可。此外，也可以先把胶带贴合到作品的外表面上，之后用美工刀（例如X–Acto 牌美工刀）将胶带切割成某种装饰图案。借助胶带创作的最佳例证为莫利 · 晨曦（Molly Morning–glory）和纳伊姆 · 卡什（Naim Cash）合作的作品（参见 115 和 116 页相关图片）。

先将贴纸贴合到素烧坯体的外表面上，然后通体施釉，待釉层彻底干透后，借助陶艺钢针将贴纸缓缓挑起并揭掉。

贴纸

和胶带的使用方法一样，将贴纸贴合在素烧坯体或底层釉料的外表面上，亦可起到阻隔表层釉料的目的。贴纸厂家设计生产各种纹饰的贴纸，绝大多数办公用品商店都有出售，但你也可以针对某一件作品为其量身自制贴纸。自制贴纸时，需先将设计好的纹饰描摹到贴纸上，然后借助剪刀或美工刀将其刻画出来。贴合方法和胶带一样，在正式施釉之前，用手指将其边缘与作品外表面相接处轻轻按压一番，以确保其密封性。倘若釉料渗入贴纸下并在作品的外表面上留下污渍，那么只需用陶艺钢针将其刮掉即可。

模板

在装饰坯体外表面或为作品施釉时，可以借助纸制模板或塑料模板创作图案，车贴之类的模板也很好用。市面上出售各种纹饰的模板，但你也可以为作品量身自制模板。在刷子涂抹出来的釉面或者喷涂出来的釉面上粘贴模板效果最好，可以借助胶带将其固定在作品的外表面上。

商业生产的图案模板操作起来十分简单易行。

安雅·巴特尔斯（Anja Bartels）和她的保鲜膜除釉技法

安雅·巴特尔斯用保鲜膜代替液态蜡阻隔釉料，你也不妨试一试这种技法。

模板艺术家安雅·巴特尔斯来自德国汉堡，她在弗吉尼亚州的一个理念村生活时深深地迷恋上了制陶，回国后在德国陶瓷协会进行了系统的学习，技能得到了进一步提升。德国陶瓷协会与美国陶艺院校相比特别注重工艺和技术，重点培养设计制作高品质陶瓷产品的能力，并为她提供了为期三年的与陶艺大师合作的实践机会。

安雅设计创作的航海题材瓷器采用了多种装饰技法，包括挤泥浆及刮刻（先将釉下彩颜料涂抹在未经烧制的素坯上，之后用工具将部分釉下彩涂层刮刻掉，暴露出坯体的颜色）。她用淋釉法及喷釉法为作品施釉，并在某些作品上使用了一种独特的除釉技法，例如图片中展示的海胆形大碗。这种碗是在拉坯机上拉制和修整出来的，安雅一边听着有关海难的有声小说，一边往碗的外壁上粘结数以千计的点状凸起泥浆肌理，挤泥浆器是用球茎状灯泡做成的。安雅的审美趣向与她的成长环境密不可分，作品上的装饰纹样反映了她在港口城市长大成人并对船舶和海洋抱有深深的热爱。安雅先将坯体素烧一遍，然后仅在碗的内部施釉：先用淋釉法在碗内罩一层春青瓷釉（参见 173 页相关配方），待釉面彻底干透后再往

Ⓐ

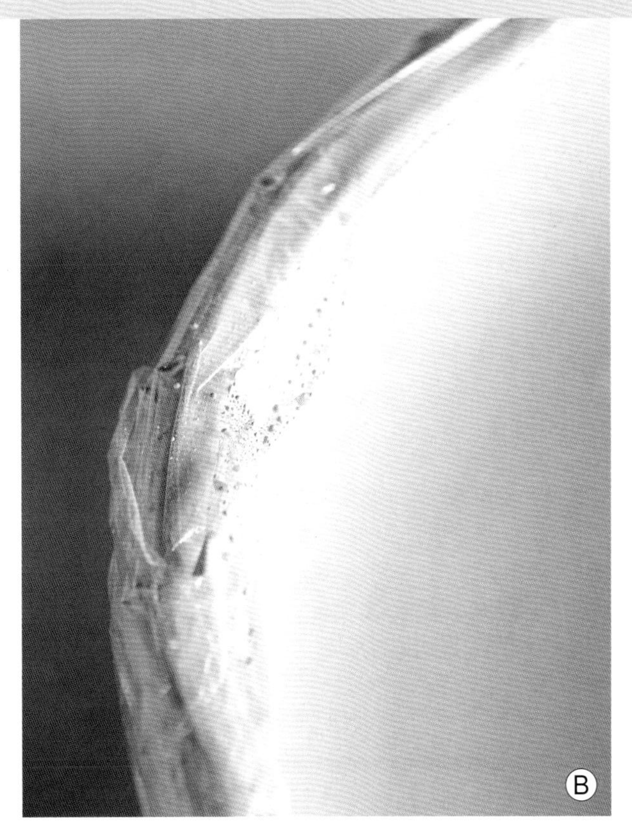

Ⓑ

Ⓒ

其上部喷一层锶结晶魔法釉（参见 181 页相关配方）。碗的外部不施釉，以突出展现白色瓷泥的美丽质地及泥浆装饰的独特美感。

施釉过程如下：先将春青瓷釉倒入碗内，待坯体吸附足量釉料后将多余的釉液倒出。为了防止接下来的釉料沾染到坯体外表面上的点状凸起泥浆肌理，用保鲜膜将坯体外部紧紧地包裹起来，接口处粘贴胶带以确保其密封性。Ⓐ

接下来，在坯体表面喷涂一层面釉，待釉层干燥后揭掉保鲜膜及胶带，若有釉料渗入并留下釉痕，用湿海绵擦干净。Ⓑ

烧成后的作品外观充满了强烈的对比美感：碗内是光滑如湖水般的蓝色釉料；碗外是素面无装饰的白色坯体。整个作品一眼望去就像海洋生物一般。Ⓒ

海胆碗　安雅·巴特尔斯（Anja Bartels），图片由劳里·卡弗里·哈里斯（Laurie Caffery Harris）提供。

图中是烧制完成后的海胆碗。保鲜膜起到了隔离釉料的作用，让碗内的蓝色釉料无法沾染到碗的外部。

带有帆船纹饰的盘子　安雅·巴特尔斯（Anja Bartels），图片由劳里·卡弗里·哈里斯（Laurie Caffery Harris）提供。

这只瓷盘是纯手工制作而成的，盘心饰有刻画出来的海水图案和金色贴花纸构成的帆船图案。盘口一圈饰有挤泥浆形成的点状装饰，盘口不施釉，突出展现了白色瓷泥坯料质地的美感。

海胆灯　安雅·巴特尔斯（Anja Bartels），图片由劳里·卡弗里·哈里斯（Laurie Caffery Harris）提供。

放在灯具内部的蜡烛反射着青瓷内壁的光辉，从镂空装饰处投射出一抹优雅的蓝色调。

孔雀茶壶　安雅·巴特尔斯（Anja Bartels），图片由劳里·卡弗里·哈里斯（Laurie Caffery Harris）提供。

首先，坯体干透后在其外表面上雕刻出树的轮廓，并往轮廓线内填满黑色釉下彩颜料。其次，素烧一遍之后往作品的外表面上喷涂一层奥德赛透明釉（参见175页相关配方），再次入窑烧至7号测温锥的熔点温度。最后，在作品的外表面上用金水绘制帆船，粘贴孔雀图案贴花纸，再次入窑烧至018号测温锥的熔点温度。有关贴花纸及光泽彩的更多内容请参见第四章。

创意施釉技法

第二章只讲述了四种最基本的施釉技法——浸釉法、淋釉法、涂釉法和喷釉法，除此之外还有很多施釉方法。我很早之前就曾有过拓展施釉方法的念头，但一直未付诸实践，近日我的女儿斯特拉·罗（Stella Ro）让我再次开始考虑这个问题。她从出生起就经常去我的工作室，两岁时就开始创作陶艺作品。她对材料一直很着迷，最喜欢的游戏就是“玩泥巴”。她对工具和材料的那种“肆意玩乐”的态度让我从中挖掘出一些之前从未想到过的施釉方法。

某天，我正在给女儿斯特拉·罗（Stella Ro）的作品施釉，她从工具箱里面抓起一把勺子问道：“爸爸，能用勺子施釉吗？”虽然在此之前我从未想过将勺子作为施釉工具，但仍然微笑着对她说：“当然可以。”她小心翼翼地从釉桶里舀出一勺釉液，轻轻地倒在一块布满肌理的素烧泥板上。烧成后的釉面外观呈现出一种优雅的特质，是其他施釉方式所不具备的。此事件让我认识到任何东西都可以作为施釉工具：筷子、扳手、羽毛、卸胎棒。在施釉的过程中，我鼓励你率性而为，既可以试用日常生活中的现有材料，也可以自制施釉工具。如此一来，你将逐渐形成自己的创作方式，那是只属于你的独特的工作方式，这种独特性可以让你创作出前所未有、与众不同的装饰纹样。

通过一段时间的练习之后，你也可以掌握泼釉技法！

泼釉法

中国景德镇的施釉师傅有一种专门为碗的内部施釉的方法，观之令人赞叹。一只手拎着碗底的圈足，将碗口朝下底朝上置于釉桶上方。另一只手握住长柄勺子，盛起釉液并快速泼向碗的内部。泼洒的冲击力使釉料在碗的内壁上扩散开来，形成均匀的釉层，多余的釉料顺着碗口流回釉桶中。泼洒釉料时的动作和手法需要一定的技巧及反复尝试才能掌握，一旦学成，这种专门针对碗内部的施釉方法绝对高效—— 一天之内处理成百上千只碗完全不在话下。除了作为施釉方法之外，也可以用泼釉的方式在作品的外表面上创造装饰性肌理。

海绵拓釉法

可以借助海绵将釉料拓印到坯体或底釉的外表面上。由于海绵具有多孔的特征，因此拓印出来的釉面并不均匀，利用这一点可以创作出外观犹如云雾的釉面装饰效果。除了不规则形之外，也可以借助剪刀或美工刀在海绵的外表面上切割出某种具象形装饰图案，之后再将其拓印到作品的外表面上。

撒釉粉法

可以把釉料干粉放进底部带有滤网的厨房用具中，然后像在饼上撒糖那样，把釉粉撒在作品的外表面上。由于釉粉会直接撒落在坯体的水平面上，而不是渗入坯体表层，所以撒釉粉法最适合装饰扁平形作品。在操作过程中，务必全程佩戴防毒面具或防尘口罩，在喷釉亭内或室外完成此项工作。在移动坯体及装窑的过程中务必小心谨慎，因为釉粉只是撒落在坯体的顶部而已，稍有倾斜就可能让釉粉撒落到其他作品的釉面上，从而引发烧成缺陷。

特殊器型的施釉方法

某些作品需要依靠特殊的技术或设备才能成功施釉。例如任何容器都放不下的超大体量作品、不能用浸釉钳夹取的微型作品和外观精细复杂无法用常规方法为其施釉的作品。

大体量作品的施釉方法

对于那些体量比桶和水槽还要大的作品而言，可以借助以下几种方法为其施釉。需要注意的是，仅凭一个人的力量是无法完成这项工作的，必须找助手帮忙才行。

为大体量瘦高形作品的内壁施釉，其操作步骤如下：首先，将釉液倒入坯体内部。与此同时，让助手端一只大盆等在一旁，等着回收倒出来的多余釉液。其次，将坯体平稳地端拿起来并快速转动数圈，以便能让釉料均匀的覆盖在坯体的内壁上。转动坯体的时候，务必要让釉液流到坯体的口沿附近。待坯体转动两圈左右，整个坯体的内壁已经被釉层彻底覆盖住之后，再将多余的釉液倒出来。釉液中的水分会从坯体内壁一直渗透至坯体外壁，从作品外面观察时很有可能看到坯体的颜色发生了变化。基于这个原因，必须先让素烧坯体内吸收的水分蒸发一夜，待次日再为坯体的外壁施釉。否则，素烧坯体会因饱和而无法吸附足量的釉料，吸釉不足通常会产生让人意想不到的、无法令人满意的烧成效果。

为大体量瘦高形作品的外壁施釉，其操作步骤如下：首先，确保坯体内壁上的釉层已经彻底干透。其次，在水槽内放一个陶艺转盘，并将坯体放在转盘上，放置角度取决于釉料的流动方向。在通常情况下，将坯体口朝下倒放比较好，因为坯体倒放时釉液会顺着作品口沿流下，坯体上的釉层厚度会由底至顶逐渐加厚，顶部釉层较厚相对较合理，因为倘若坯体下侧釉层较厚极易出现釉料熔融粘板的现象。当作品的口径小于转盘的直径，釉料无法顺利流下时，可以在作品口沿下方垫两根高度相等的木条将其支高一些，这样釉液就可以顺利流下，口沿处的釉层厚度也就不至于淤积过量了。用淋釉法为作品施釉时，须一边缓缓地转动转盘，一边将釉液淋在倒扣着的坯体顶部。釉料顺着器身流下，一直流到坯体口沿处，最后滴落到釉桶中。在往倒扣着的坯体底板上淋釉之前，先将陶艺转盘转两整圈。接下来继续淋釉，直到整个作品的外壁被釉层彻底覆盖住为止。最后，待作品各个部位上的釉层彻底干透后将其从陶艺转盘上取下来。

对于大体量的陶瓷作品而言，采用淋釉法为其施釉速度最快，也可以选用涂釉法或喷釉法。选用浸釉法也行，但是需要多人协助，盛放釉液的容器得是洗澡盆之类的超大容器，此外还需预备大量釉液（至少 100kg）。

为大体量的扁平形作品（例如大盘子或超大口径的碗）施釉并不是一件容易的事。这类作品的内壁曲线特点是中央低四周高，因此极不适合采用淋釉法为其施釉——釉液会淤积在正中央的低洼处，釉层过厚极易在烧成过程中出现起泡现象。对于这类器型而言，最适合的施釉方法是浸釉法。先在一个儿童洗澡盆内盛放大量釉液，之后按照第二章中介绍的方法为其施釉：用钳子夹住坯体的侧壁，让其一侧口沿先浸釉另一侧口沿后浸釉，遵循“先入先出”的原则。此外，也可以选用涂釉法或喷釉法为大体量的扁平形作品施釉。

采用浸釉法为大体量的作品施釉时，除了要准备一个足够大的盛釉容器之外，还需在头脑中清清楚楚地构思好浸釉步骤。

对于超大体量的作品而言，采用喷釉法或淋釉法为其施釉也是不错的选择。

微型作品的施釉方法

为微型作品施釉时，滑动铰扁口鲤鱼钳等传统工具并不好用。可以发挥自己的想象力和创造力，设计制作一种专门适用于微型作品的施釉工具；也可以用镊子夹住作品浸釉或淋釉。采用涂釉法为微型作品施釉时，可以将刷子的毛修剪到仅剩一根；采用喷釉法为微型作品施釉时，从气泵中吹出来的气流很容易将作品吹翻，可以借助白乳胶（例如埃尔默牌白乳胶或类似品牌的白乳胶）将坯体和垫板黏合在一起，待乳胶彻底干透后再施釉。

注意事项：许多人对微型陶瓷艺术品情有独钟。乔恩·阿尔梅达（Jon Almeda）设计制作的微型陶瓷艺术品备受收藏家青睐。

为微型作品施釉充满了挑战性！

精密型作品的施釉方法

端拿器壁超薄的作品或细节特别复杂的作品时须格外小心谨慎。浸釉钳极易损坏质地疏松的素烧坯体，特别是采用浸釉法为作品施釉时表现尤甚。双手佩戴手套端拿坯体，当坯体不慎破损时，立即用过滤网将釉液仔细过滤一遍，确保釉液中无碎坯残留。一件作品破损并不是最糟糕的，最糟糕的是破损的碎坯渣子粘结到另外一件作品的外表面上，导致那一件作品也成为次品。

佳作赏析

胖独角兽 迈克·斯达·麦克卡斯克（Mac Star McCusker），图片由艺术家本人提供。

犀牛角上的釉下彩虹纹饰使其从一只凡间动物转变成神话故事中的独角兽，同时也提供了另外一种视觉美感。

带把手的碗 尼克·乔林（Nick Joerling），图片由艺术家本人提供。

图中的这只碗是用拉坯成型法制作而成的，碗形经过改造。碗外壁上的深红色装饰带是由刷子涂抹液态蜡后显露出来的坯体本色。

餐盘 萨拉·巴莱克（Sara Ballek），图片由哈利玛·弗林特（Halima Flynt）提供。

图中的这只盘子是用拉坯成型法结合捏塑成型法制作而成的，鲜亮的釉下彩纹饰为整个作品增添了蓬勃的生机。

盖罐 史蒂文·希尔（Steven Hill），图片由艺术家本人提供。

数种釉料在罐身外的泥浆装饰带上层层叠摞、流淌，烧成后的釉色令人惊叹。

云纹酒壶 山姆·春（Sam Chung），图片由艺术家本人提供。

釉下彩没有流动性，此特征在锐利的黑色云纹线条中表露无遗。

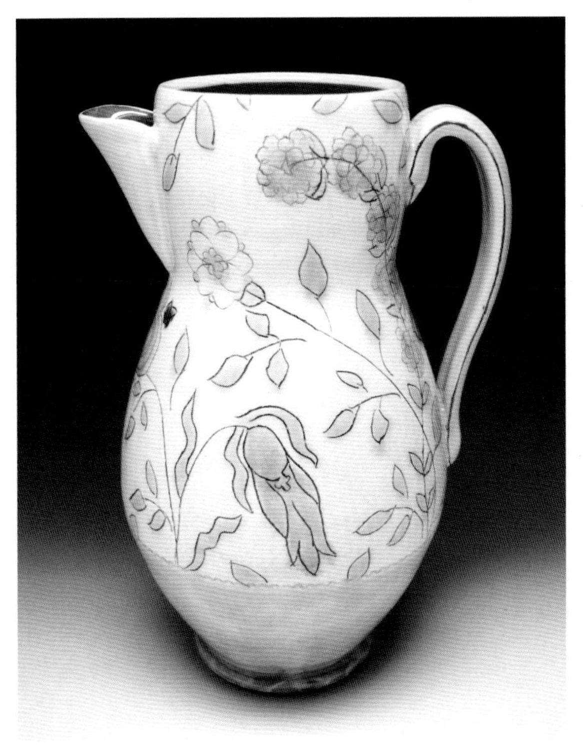

田园纹饰水罐 本·卡特（Ben Carter），图片由艺术家本人提供。

刻划形成的纹饰内填充的釉色部分渗出轮廓线，为水罐增添了一分柔和、愉悦的美感。

带有木屋纹饰的花瓶 劳里·卡弗里·哈里斯（Laurie Caffery Harris），图片由艺术家本人提供。

艺术家先用 X-Acto 牌美工刀在瓶身上刻出纹饰，之后在刻痕里填充釉下彩颜料。然后用潮湿的海绵轻擦瓶身，将刻痕以外的颜色全部擦干净。釉下水彩用于为作品着色。

“双面”天鹅 泰勒·罗伯纳特（Taylor Robenalt），图片由艺术家本人提供。

颜色艳丽的釉下彩和光泽彩（下一章将对其作详细介绍）为这件精美的陶瓷雕塑增添了蓬勃的生机。

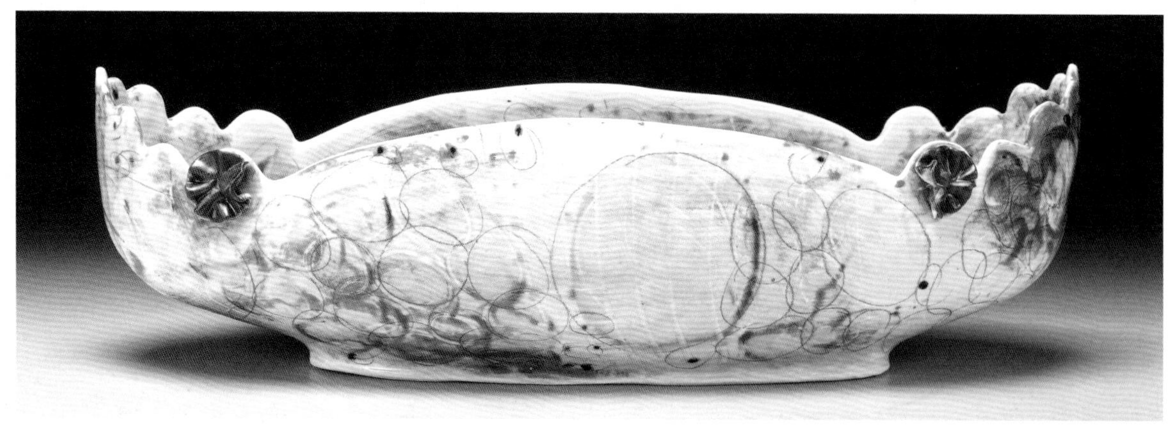

“索菲”餐碗 安吉丽克·塔西斯特罗（Angelique Tassistro），图片由艺术家本人提供。

透明釉层下经过擦拭的釉下彩及釉下铅笔绘制出来的细线一览无遗。

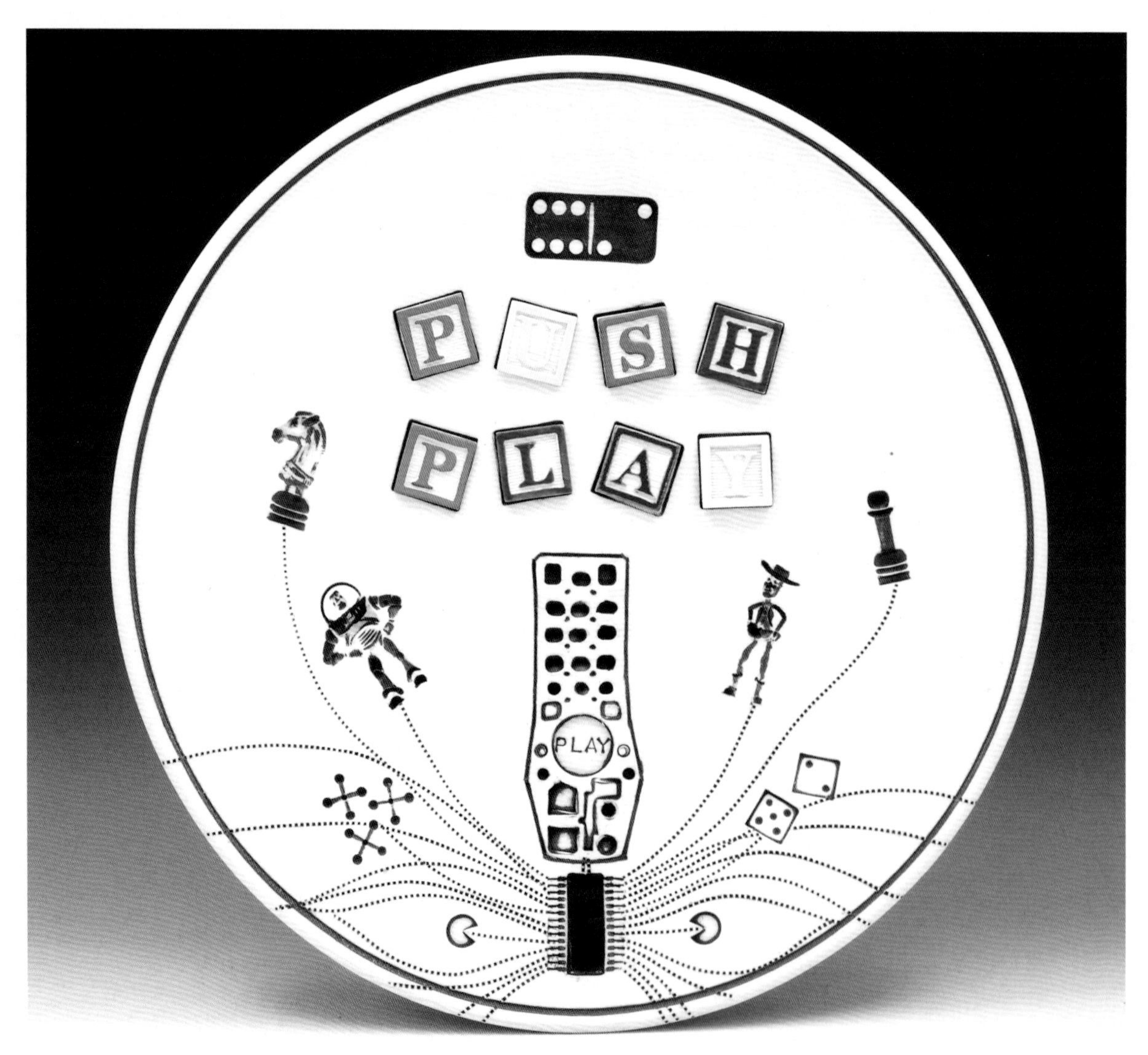

“推推乐” 山姆·斯科特（Sam Scott），图片由艺术家本人提供。

釉下彩的鲜艳色调在黑白盘子上显得异常醒目。

碟子 德博拉·施瓦茨科普夫（Deborah Schwartzkopf），图片由艺术家本人提供。

我对这些细长碟柄上的少量对比色非常感兴趣。

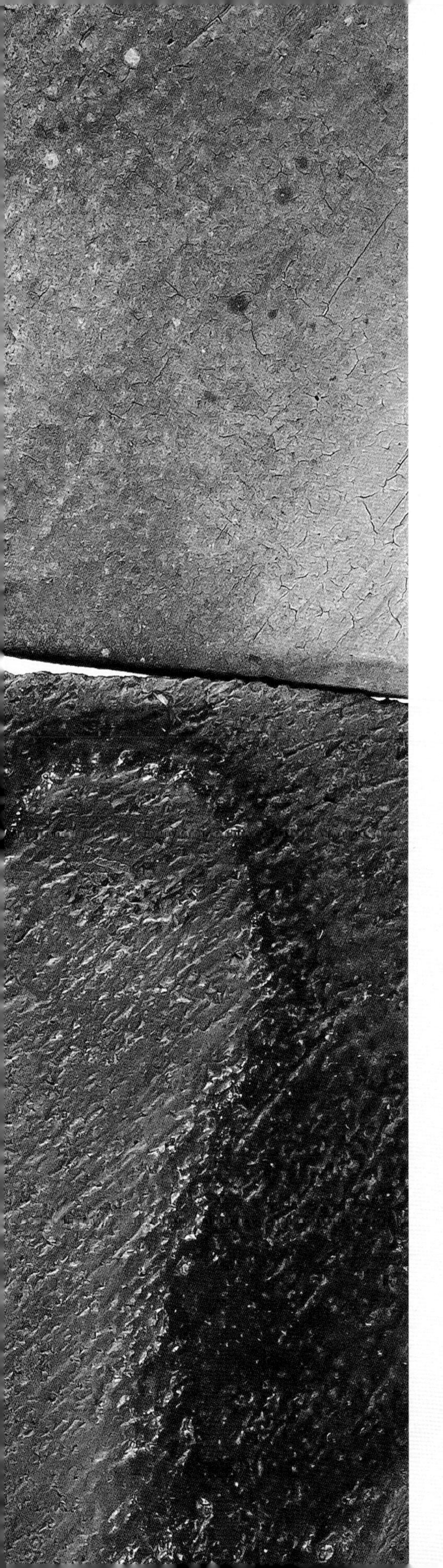

第四章

专题研究

曾有日本人说过，要想彻底掌握制陶技法至少需要十年时间。不仅要掌握最基本的技法，而且要以优雅且熟练的姿态将其展现出来。所有的手工艺大师都遵循着既相似又各具特色的求学及发展道路。首先，作为一门手艺的学徒，他们先从模仿前辈大师的作品开始学起。他们全神贯注于自己的手艺，努力提升自己的基础技能。在此之后，他们开始自由创作，并在创作的过程中逐渐形成自己的风格。他们凭借重复、奉献及热情创造出全新的、令人难忘的、无可否认的艺术价值。在本章中，我们将探讨几个特殊的釉色主题，以及与这些主题相关的代表性艺术家，他们都是美国现代陶艺界的中流砥柱。

本章中介绍的许多技法尚需要一定时间去完善——其中还存在着大量的实验和错误——但就文中介绍的这几种技法而言，我鼓励你多做尝试并尽量掌握。如果你的目标是创作出高水平的陶瓷作品，那么完美就是你应当去追求的目标。随着时间的推移，当你的技艺在一个好的基础上达到一定程度之后，就可以自由创作甚至随意发挥了。多多尝试新的东西，看看有什么样的前景在等着你！

红色系釉料

在陶艺界流传着这样一句话："一件成功的作品，首先必须是精美的。当你的手头功夫还无法达到精美的程度时，可以试着将其体量做大一些。当你还无法驾驭大体量的作品时，可以试着将其装饰成红色的。"之所以会有这样一条箴言，或许是因为光谱中能对人类心理造成最强烈影响的颜色之一就是红色。如果你认识某位陶艺师的话，他会告诉你由于物理和化学的双重原因，想要烧制出上等的红色釉极其困难。红色釉配方中的原料很特殊：有些是稀有元素；有些是有毒物质（例如铅和铀）；还有一些原料非常名贵，在烧窑的过程中须万分谨慎才行，否则极易烧坏。基于上述原因，用红色釉（以及类似的紫色釉、橙色釉和粉色釉）装饰的作品通常都带有一种神秘感和力量感。

铬锡红釉

铬锡红釉色调较暗，例如深紫红色及褐红色，通常都非常漂亮。将着色氧化物和氧化铬混合后，可以生成从粉色至紫红色等一系列颜色。由于配制量非常小，因此铬锡红釉配方中各种成分的混合比例必须十分精确（氧化铬的添加量只有 0.5%，氧化锡的最大添加量为 5%）。为了确保其烧成品质，称量原料的时候务必谨慎操作！肥猫红釉（参见 174 页相关配方）就是一种极好的铬锡红釉，其烧成温度为 6 号测温锥的熔点温度。将肥猫红釉与包括春青瓷釉在内的其他釉料混合使用时，烧成效果很不错。作为底釉使用时，它具有不易流动的优良特性。如果想要更鲜艳的红色，建议选择适用于还原气氛的铜红釉或封装红釉。

图中的这只罐子饰以艳光红色釉下彩，这种红色很有时尚感。底釉选用的是春青瓷釉。

铜红釉

铜元素在还原气氛中，特别是当烧成温度为 10 号测温锥的熔点温度时，可以生成极其美丽的牛血红色。铜红釉极难驾驭，没有技术支撑是不可能烧制成功的——有些时候，即便是有经验的烧窑者也会失败。本书中收录了数种铜红釉配方，其中烧成效果最好的当属罗伯特·提契恩（Robert Tichane）研发的铜红釉。简而言之，烧制铜红釉的时候必须格外谨慎，因为过度还原或温度过高会烧尽所有的红色调，只留下灰色或者透明的釉面；相反，还原不充分或温度过低只会生成难看的绿色釉面。对于铜红釉而言，有两个方面需要格外关注：一方面是坯体的吸釉量要足够多（釉层厚度以介于 2 ~ 3mm 为宜，此处需要注意的是，釉层过厚时极易出现釉料流淌粘板的现象）；另一方面是在最佳的时机给予最合理的还原量。建议在窑温达到 012 号测温锥至 010 号测温锥的熔点温度之间时开始还原烧成，还原过程一直持续至达到 04 号测温锥的熔点温度时再结束。可能需要经过数次尝试才能彻底掌握，一旦学会就可以烧制出外观绝美的铜红色釉。牛血红釉及紫色西梅釉（参见 165 和 171 页相关配方）都属于非常好的铜红釉。参见 144 页试片烧成时刻表。

封装红釉

氧化镉是一种剧毒物质，高温烧制时能生成鲜亮的黄色、橙色及红色。为了降低其危险性，储存在实验室中的氧化镉通常都被封装在锆球中，使其呈现惰性特征，从而达到从化学角度防止其从釉面中渗出的目的。由封装氧化镉配制而成的釉料价格虽然昂贵（封装着色剂和封装釉料的售价明显高于普通产品），但此类釉下彩颜料，以及釉料在烧成之后的发色状态也确实是最生动、最鲜亮的。商业生产的圣诞红色釉和消防红色釉的配方内通常含有封装氧化镉。53 页收录的作品中有用挤釉法形成的红色线条装饰，那种红色釉的配方中就含有封装氧化镉。职业陶艺家可以购买配方内含有封装氧化镉的马森牌（Mason）陶瓷着色剂或塞尔德克 / 德古萨牌（Cerdec/Degussa）陶瓷着色剂。尽管封装红釉售价高昂，但是它能赋予作品其他釉料无法给予的明艳色调及蓬勃生机。

红色瓶子 *阿德里安·桑德斯特罗姆（Adrian Sandstrom），图片由艺术家本人提供。*

封装红釉是所有红色系釉料中颜色最鲜艳的，图中的这个罐子足以展示这一特点。

结晶釉

在漫漫的历史长河中，人类一直对晶体非常着迷。当某些分子以均匀且重复的晶格结构排列时，就会生成晶体。自然界中的晶体可能需要数百万年才能生成；在实验室里也可以生成晶体；让我们感到高兴的是，在陶艺师的窑炉中也可以烧制出晶体。

结晶釉配方内含有氧化锌、二氧化硅及二氧化钛这三种成分，它们可以使釉料生成晶体。在适宜的条件下，上述三种成分相结合会生成硅酸锌晶体。钛核作为晶体的“种子”，在由硅和锌构成的海洋中生长开来。在绝大多数情况下，用 6 号测温锥的熔点温度或 10 号测温锥的熔点温度烧制配方中含有费罗牌（Ferro）3110 号熔块和其他低温釉料时，晶种会漂浮在釉面上。待进入降温及保温环节后，晶种开始生长，在此阶段必须采取一定的预防措施，以避免釉料流淌粘板。为此，烧制结晶釉的陶艺师们通常会拉制一个陶瓷盘子，烧窑的时候将其放在作品的正下方，一旦出现流釉现象，釉滴就会落入盘中，而不是粘到窑具上。打磨及修整作品的底板和釉面是烧制结晶釉的陶艺师们最常做的工作，必须选用恰当的打磨工具，这样打磨过程就会变得相当简单（有关金刚石打磨工具及其使用方法的详细介绍，请参见 147 页相关内容）。

小结晶和大结晶

在烧窑的过程中，有些釉料会自然生成长度不超过 2mm 的小（微）晶体，例如锶结晶魔法釉、果汁釉，以及吉纳研发的缎面亚光釉（参见后文相关配方）。这些釉料既有单独使用的（例如吉纳研发的缎面亚光釉），也有作为底釉或者面釉和其他釉料混合使用的（例如锶结晶魔法釉及果汁釉，尽管单独使用这两种釉料时，其外观效果极其难看）。

如果想要烧制出更大的晶体，建议选用能促进晶体生长的结晶釉。通常来讲，在这类釉料的配方中，费罗牌（Ferro）3110 号熔块、氧化锌、二氧化硅、二氧化钛及陶瓷着色剂的含量相对较高，黏土的含量相对较低。除此之外，当烧成温度为 10 号测温锥的熔点温度时，在降温环节数次长时间保温有利于晶体生长。烧结晶釉的陶艺师们通常会在降温的过程中（当窑温介于 1 010 ～ 1 149℃时），保温烧成 3 ～ 5 小时。烧制大结晶是一件既耗费能源又耗费体力的事，尽管有时候凭借复烧可以挽回一些损失，但总体而言成功率并不高。然而，一旦能够成功地烧制出大结晶的话，其外观效果又是足以让人沉醉的，代表作品参见 127 页弗兰克·维克里（Frank Vickery）设计制作的结晶釉花瓶，只有拥有过人的胆识才能获得这件佳作！

尼克·莫恩（Nick Moen）研发的结晶釉在烧成之后生成了大晶体。有关这种特殊釉料的更多信息，请参见 104 和 105 页相关内容。

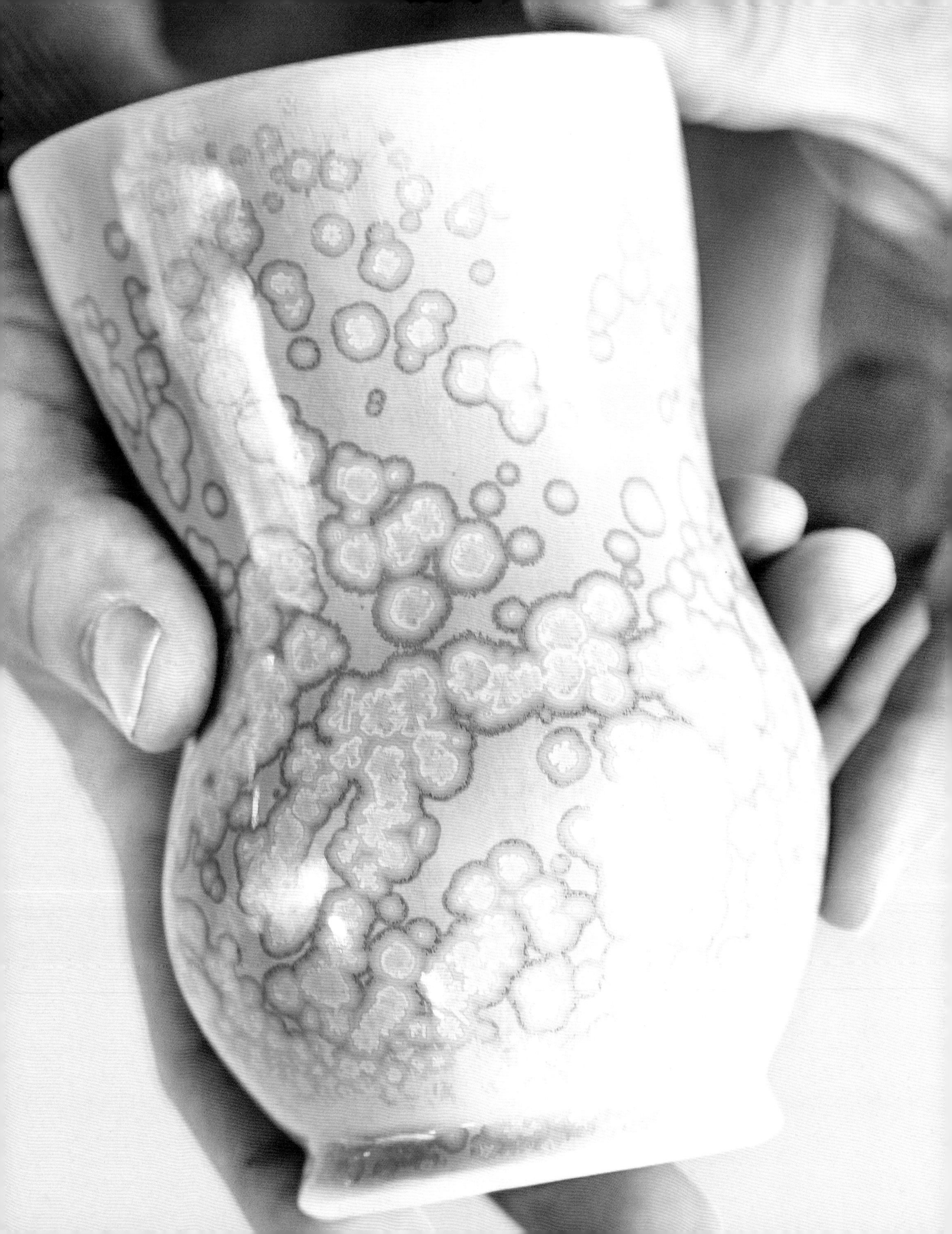

尼克·莫恩（Nick Moen）和吉纳维芙·范·赞特（Genevieve Van Zandt）研发的特殊结晶釉

尼克·莫恩（左边的杯子）和吉纳维芙·范·赞特（右边的雕塑）将吉纳研发的缎面亚光釉配方作以改良，使之更有利于展示他们的作品的美感。

在由年轻一代美国陶瓷艺术家组成的浩瀚苍穹中，尼克·莫恩和吉纳维芙·范·赞特是两颗格外明亮而又耀眼的星星。尼克来自明尼苏达州的明尼阿波利斯市，吉纳维芙来自密歇根州的底特律市，他们两位于2014年先后来到奥德赛陶瓷学校，并结为工作伙伴。从某些角度而言，他们作品中展现出来的对比性是无以复加的。尼克主攻外形平滑的注浆作品，他的作品给人以现代感、都市感、精致感和低调感，融安静与美丽于一体；吉纳维芙的作品与之截然相反，能让观众联想到自然世界的奇幻景观，仿佛打开了神秘世界的大门。两位艺术家友谊深厚，作品的风格互补，不单是二者合作的艺术品充满了趣味性，就连他们的工作室都沉浸在充满趣味的氛围中。

尼克和吉纳维芙合作研发了一种新的结晶釉及适用于这种釉料的快速烧成技术，这种烧窑方法既可以节省能量，又可以节省时间，当烧成温度为6号测温锥的熔点温度时即可生成美丽的晶体。在这种釉料的研发过程中可以看出亚光釉料的某些有趣特性。

由于奥德赛陶瓷学校的绝大多数釉料都是亮光釉，因此两位艺术家立志研发一种缎面亚光釉，他们试图通过改良釉料配方来达到增加釉面肌理的目的。吉纳的缎面亚光釉就这样诞生了（参见181页相关配方）。吉纳维芙通过往基础釉配方中添加马森牌（Mason）陶瓷着色剂的方式，

“急速降温”铜釉细节 尼克·莫恩（Nick Moen），图片由艺术家本人提供。
平底盘釉面上的细微晶体细节。

使其呈现出七彩霓虹般的色调。吉纳将这些釉料涂抹在雕塑型瓷泥作品上，烧制后的釉面具有可爱、亚光、充满活力的特点，与当时流行的绝大部分釉料截然不同。

尼克用吉纳研发的缎面亚光釉装饰注浆瓷器，彼时正逢一场展览，尼克为了多烧一些作品便多装了一窑。为了让所有的作品都能赶上参展，他加快了烧窑速度，当窑温达到预定烧成温度之后，他通过立刻打开窑盖（佩戴隔热手套及其他防护装备）的方式为窑炉“急速降温”，将窑温从最高温度降至刚好高于石英转化的温度（593℃）。凌晨4点左右开始降温，到早上7点开窑时，尼克欣喜地发现罐子外侧的釉面上覆盖着一层漂亮的结晶，每一个晶体的直径均为硬币大小。从升温至6号测温锥的熔点温度直到降至室温为止，整个烧窑时长还不足10个小时，这怎么可能呢？研究发现，许多亚光釉料、光泽度不是很高的釉料或缎面亚光釉料的光泽度之所以会受到影响，是因为釉层中充斥着极其微小的晶体。关于这一点，吉纳维芙通过添加马森牌（Mason）陶瓷着色剂配制而成的七彩霓虹缎面亚光釉就是很好的例证。尼克之所以能烧制出大结晶，是因为已经成形的单个晶体还未来得及彼此交融（彻底交融后呈缎面亚光效果），便因急速降温而继续维持着独立的状态。烧成结果及特征如下：亚光结晶悬浮在光泽度较好的釉面上；烧成总时长仅为传统结晶釉用时的1/4；烧成温度低于传统结晶釉；用传统结晶釉装饰的作品通常都需要磨底，而吉纳研发的这种缎面亚光釉无需磨底。尼克因赶时间而偶然发现了一种全新的烧窑方法，而这种烧窑方法又引申出一种充满活力的、意想不到的釉面外观效果。

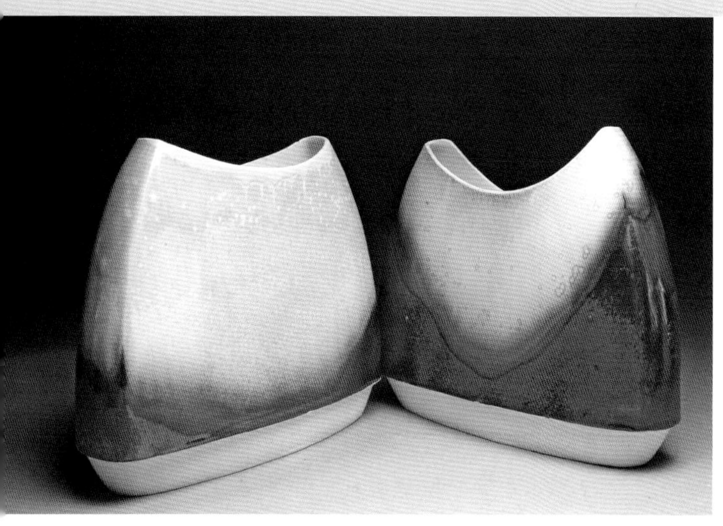

信封形花瓶　尼克·莫恩（Nick Moen），图片由艺术家本人提供。

这种釉料可以呈现出多种色调，即便是在结晶生成量不太多的部位也是如此。

华夫肌理杯　尼克·莫恩（Nick Moen），图片由艺术家本人提供。

用于装饰杯子下部的是木炭缎面釉，用于装饰杯子上部的是结晶釉，前者可以起到阻隔后者流动的作用，有效避免流釉粘板。

酒杯形花瓶　尼克·莫恩（Nick Moen），图片由艺术家本人提供。

虽然注浆成型法使所有花瓶呈现一模一样的外形，但千姿百态的结晶使每一个花瓶都拥有各自独特的外观。

玫瑰和荆棘　吉纳维芙·范·赞特（Genevieve Van Zandt），图片由艺术家本人提供。

由釉色装饰的瓷质植物、动物和矿物和谐地组合在一起，共同组成了这个陶艺壁挂。

花团锦簇　吉纳维芙·范·赞特（Genevieve Van Zandt），图片由艺术家本人提供。

将马森牌（Mason）陶瓷着色剂添加到基础釉配方中，可以使其呈现出多种色调。

贴花纸、釉上彩、光泽彩

陶艺知识误区 #818：烧成是釉料学习之旅的最后一步。

釉烧之后，许多人认为这已经是作品的最终样貌，不可能再做进一步的改变。陶艺师们处理那些令人失望或外观无趣的作品时，通常都是将其出售、作为礼物赠送他人或者束之高阁。实际上，烧成效果不甚理想的作品仍然有重获新生的机会。多次烧成既可以补救釉面缺陷，又可以为作品增添一份充满意趣的视觉美感。许多陶瓷艺术家都选用多次烧成技术来装饰他们的作品，代表性人物包括约翰・蒂尔顿（John Tilton）、阿德里安・萨克斯（Adrian Saxe）和埃里克・诺奇（Eric Knoche）（有关复烧的详细论述，请参见 148 页相关内容）。可以通过添加印刷图像、贵金属纹饰或手绘图案等方式为一件原本平淡无奇的作品增光添彩，反复入窑烧制也不是问题，复烧的次数可以多达 3 次、4 次，甚至 5 次。贴花纸、光泽彩和釉上彩这三种装饰方法相互关联，它们都是极佳的陶瓷装饰形式，可以为作品增添层次感、意境美及视觉趣味性。实施上述装饰方法时需要三次烧成，但烧成温度相对较低，并不会对之前已经烧好的装饰图案造成任何损伤。

贴花纸

生产厂家设计并出售各种颜色和样式的贴花纸。假如自己拥有一台彩色陶瓷贴花纸打印机的话，那么也可以自行打印出几乎所有颜色的贴花纸。然而，彩色陶瓷贴花纸打印机售价昂贵，一台机器的价格在 5 000 美元左右。值得庆幸的是，包括里程碑贴花纸艺术公司在内的数家企业已经开通了为客户打印定制贴花纸的服务项目，即便你只需要一张纸而不需要任何额外的设计也没有问题。

朱莉娅・克莱尔・韦伯（Julia Claire Weber）的作品展示了用艺术家自己设计的贴花纸装饰作品的无限可能性。更多操作过程请参见 112 和 113 页相关内容。

如果你觉得深褐色或深棕色之类的暗色系单色还不错的话，那么有一种打印方法能打印出几乎任何一个可以在电脑上显示的图像。这个方法非常简单——找一台廉价打印机，在油墨盒内装上红色氧化铁和二氧化锰，比如：

- 惠普 M1212nf 型多功能一体激光打印机
- 惠普 4L 型激光打印机
- 惠普 5L 型激光打印机
- 惠普 P1005 型激光打印机
- 惠普 P1006 型激光打印机
- 支持惠普 12A 或 85A 墨盒的打印机

首先，将设计好的图案打印到特殊的贴花纸专用纸上。其次，将贴花纸粘结到作品的外表面上。最后，将作品放入窑炉中烧制，烧成温度为 04 号测温锥的熔点温度。绝大多数贴花纸的粘结方法如下所示：

1. 在正式粘结贴花纸之前，先将作品的外表面仔细清洁一遍，因为灰尘和污垢会导致纹饰剥落。用蘸取医用酒精的纸巾擦拭作品的外表面，这样清洁效果最好。
2. 纹饰印在特殊的贴花纸专用纸上。简单来讲这种纸分为两层：下层较厚能起到稳定作用；上层是透明的薄膜，纹饰就印在这层薄膜里。使用之前须将这两层结构分离开来，才能把纹饰转印在作品的外表面上。为此，首先要做的便是将纹饰部分剪下来，将其浸入一碗清水中。Ⓐ
3. 浸泡大约 1 分钟之后就可以将其粘结在作品的外表面上了。首先，将贴花纸和将要装饰的作品部位对齐。其次，将贴花纸印有纹饰的一面向下贴合到作品的外表面上，同时将起到稳定作用的厚纸板小心地抽离出去。Ⓑ

Ⓐ

Ⓑ

4. 把一块纸巾或海绵放在贴花纸上，从中央到边缘轻轻挤压，将残留在贴花纸与坯体之间的多余水分彻底排尽。动作要轻柔一些，用力过猛极易损坏纹饰。贴花纸与坯体之间的水分排得越干净越好。Ⓒ
5. 将处理好的作品阴干。小心地将坯体放入窑炉中，按照贴花纸生产厂家建议的烧成温度烧制。Ⓓ

注意事项：在网络上收集贴花纸的图像时务必小心，因为许多图案是已经被注册过版权的。

釉上彩

釉上彩直接绘制在已经烧好的釉面上，烧成温度为018号测温锥的熔点温度。釉上彩是商业化生产的，颜色琳琅满目。虽然任何人都可以尝试，但想要彻底掌握釉上彩绘制技法是需要进行专业学习的。釉上彩由着色氧化物与少量氧化铅熔块加油调和而成。陶艺用品商店内出售各种各样的釉上彩。

和画油画极其相似，绘制釉上彩纹饰时，抓握毛笔的那只手必须足够稳，颜料一旦粘到非装饰部位的釉面上就很难清除。和贴花纸的起始步骤一样，在正式绘制纹饰之前须先将釉面彻底清洁一遍。在陶瓷釉面上绘制釉上彩图案和在画布上画油画差不多，但前者更需事先考虑好将要绘制的纹饰。当对某部分画面不满意并试图将其擦掉时，是很难做到了无痕迹的，也就是说仅有一次绘制机会！此外，端拿或移动釉上彩作品时，必须接触没有装饰图案的部位，务必小心操作，避免于烧成之前在釉面上留下指纹或污迹。由于调和颜料的媒介是石油基的油，所以必须将作品

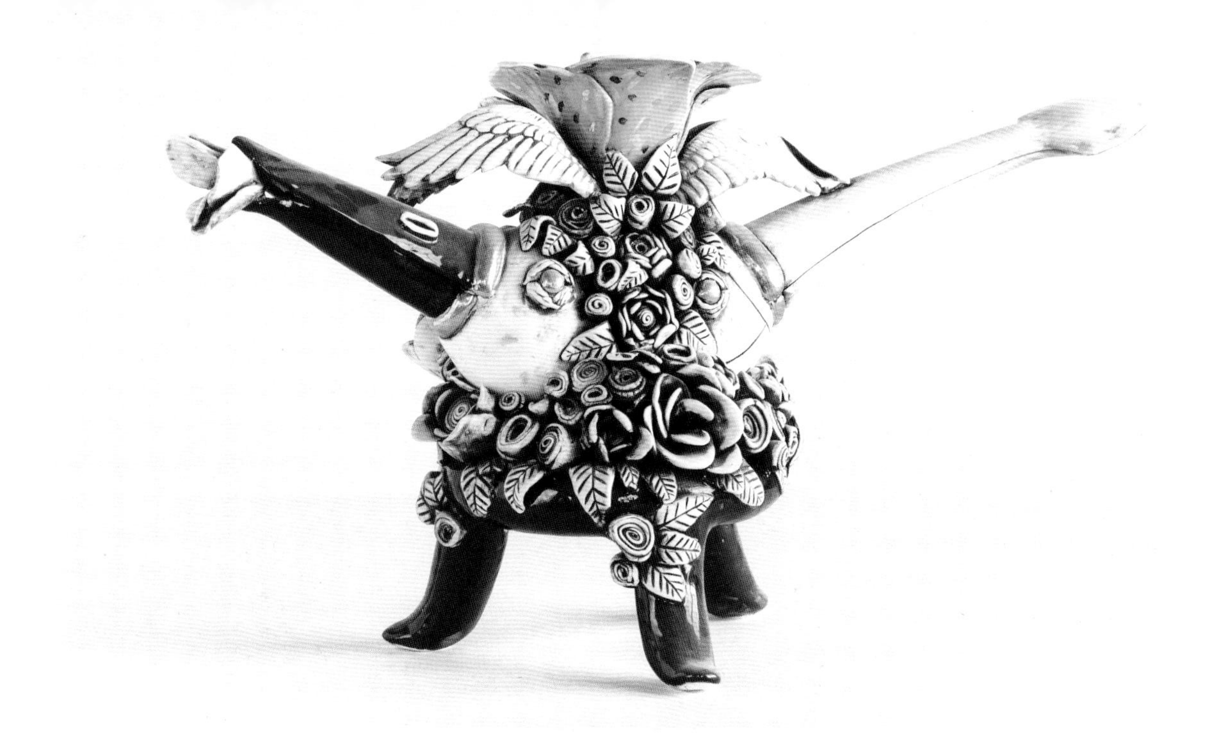

放在通风良好的窑炉里烧制（有趣的是，用于印制彩色陶瓷贴花纸的颜料就是釉上彩颜料）。

光泽彩

在艺术品上饰以贵金属装饰可以提升其感知价值，会对观众造成强烈的心理影响。黄金！白银！铂金！这些材料等同于财富和地位。光泽彩以贵金属作为陶瓷作品的装饰材料，它是贵金属粉末和有机溶剂的混合物。市面上出售的商业生产的电光釉、金水、铂金水和银水都属于光泽彩。

可以借助毛笔将光泽彩涂抹在釉面上或经烧成的作品外表面上。此外，光泽彩也可以用于印制贴花纸，其粘结方法与上文介绍的普通贴花纸无异。光泽彩可以为作品增添一分极其诱人的、镜子般的锐光。需要注意的是，当光泽彩被装饰在日用陶瓷产品上时，必须提醒顾客不要将其放入微波炉中加热，因为金属会迸射出火花。

和贴花纸及釉上彩的起始步骤一样，在正式涂抹光泽彩之前须先用酒精彻底清洁釉面。涂层宜薄不宜厚（如果需要的话，可以添加松香水来稀释光泽彩溶液）。准备一支专用毛笔，在通风良好的环境中绘制纹饰，因为光泽彩不但味道强烈刺鼻，且其挥发物通常有毒。平涂一层即可。绘制工作完成后，用松香水将毛笔清洗干净。

图为艺术家泰勒·罗伯纳特（Taylor Robenalt）的金耳狗（下图）及两只天鹅和玫瑰（上图）。这两幅图中的作品均饰有金色光泽彩。

需要注意的是，贴花纸上一旦沾染到光泽彩就会化为灰烬。如果想同时使用这两种方法装饰作品，就必须分别操作、分别烧制。先在作品上饰以贴花纸并烧制，然后再饰以光泽彩并烧制。

朱莉娅·克莱尔·韦伯(Julia Claire Weber)的贴花纸作品

朱莉娅·克莱尔·韦伯人称“钻石茱莉娅”,来自宾夕法尼亚州的伊利市,她的现任工作是教授不丹难民制陶。她以黏土作为纽带,将不同文化背景的人连接在一起,展示了年轻、有工作热情的陶艺师如何能在社区中有所作为,从自己的专业角度帮忙解决社会问题。

朱莉娅的作品是经过改良和变形的拉坯瓷器,她在这一领域付出了很多精力。拉坯瓷器的制作过程非常复杂,每一个步骤和细节都需要特别小心地对待。以113页中的水罐为例,其制作步骤如下所示:第一步,在拉坯机上拉出罐身。第二步,借助陶拍将罐身的下侧敲击成块面状,并为其粘结手工制作的把手和壶嘴。第三步,用工具在罐身下侧刻划装饰线条,将着色剂涂抹在线条上,并用湿海绵擦拭,经过此番处理后的线条纹饰显得愈发突出。第四步,将水罐放入窑炉中素烧,烧成温度为04号测温锥的熔点温度。第五步,在坯体的外表面上喷涂一层奥德赛白色亮光釉(参见176页相关配方)。第六步,在底釉上选定好的位置涂抹液态蜡。第七步,喷涂面釉,即由她自己配制的灰色釉料,被蜡遮挡住的部位不会沾到第二层釉料。第八步,将水罐再次放入窑炉中烧制,此次的烧成气氛为氧化气氛,烧成温度为6号测温锥的熔点温度。

坯体上仅被奥德赛白色亮光釉覆盖的部位就是即将要贴花纸的部位。朱莉娅用绘图软件设计出山地图案,并制定了数种配色方案。她用彩色贴花纸打印机打印选定的图像,所使用的颜料为釉上彩颜料。在此之后,她将贴花纸粘结在水罐的外表面上(粘结方法参见109和110页相关内容),待贴花纸彻底干燥后将作品再一次(第三次)放入窑炉中烧制,此次的烧成温度为014号测温锥的熔点温度。作品出窑,待用砂纸将水罐的底板打磨平整之后,就可以将其陈列到画廊里了。

朱莉娅的作品制作过程相当繁琐,是釉料、器型、装饰这三者完美融合的产物——上述三者还各自附带着一次独立的烧成——所有方面融合到一起之后才能诞生出如此美妙的作品。一眼望去,朱莉娅的作品既有整体感又有对比性,既柔和又棱角分明,散发出一种极其诱人的美感。朱莉娅的水罐设计精美,现代感十足,不失为经典造型。

层峦纹饰杯 朱莉娅·克莱尔·韦伯(Julia Claire Weber),图片由艺术家本人提供。

借助计算机设计贴花纸的装饰纹样非常简单,可以在某一个主题的基础上衍生出多种方案。

层峦纹饰杯 朱莉娅·克莱尔·韦伯(Julia Claire Weber),图片由艺术家本人提供。

刻划出来的线条,透明釉和灰色釉,以及原创的贴花纸纹饰,上述三者结合在一起共同构成了这只完美的杯子,相信热爱高山的人看到它之后一定想用它喝杯早茶。

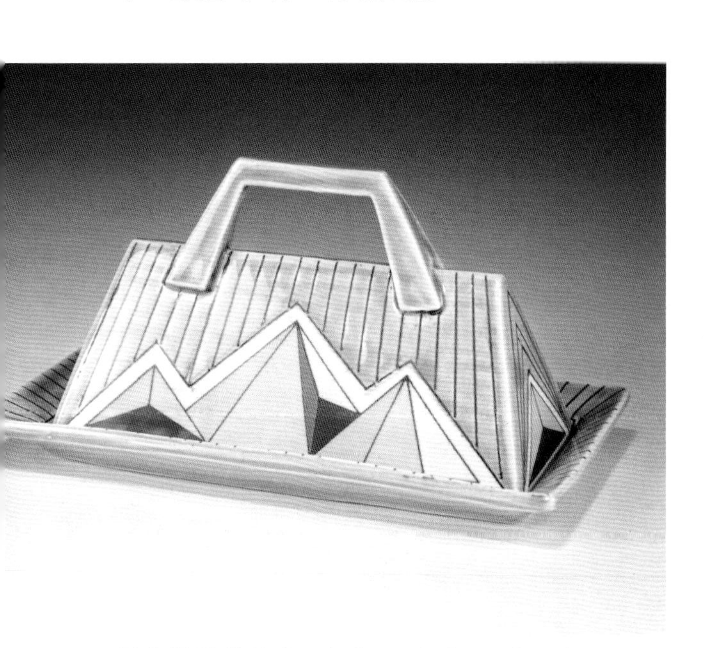

层峦纹饰黄油盘 朱莉娅·克莱尔·韦伯(Julia Claire Weber),图片由艺术家本人提供。

盘身上的棱角转折与几何形山峰纹饰搭配在一起非常协调。

经过敲击改形的层峦纹饰水罐 朱莉娅·克莱尔·韦伯(Julia Claire Weber),图片由艺术家本人提供。

罐身由拉坯成型法制作而成,把手为手工成型。刻划线条、胶带、具有持久性的食品级安全釉料和贴花纸完美地融合在一起,共同创造出这个极具视觉冲击力的现代感十足的作品。

无釉装饰

对于没有实用功能的陈设类陶艺作品而言，坯体在经过素烧之后不必再次入窑釉烧，可以借助以下几种装饰方法完善作品。在坯体的外表面上饰以丙烯颜料、液态蜡或喷漆，这些材料可以为作品增添颜色和光泽度。与前文中介绍的很多产品一样，必须严格按照使用说明书谨慎操作，选择在通风良好的环境内工作，且务必全程佩戴防护设备。除此之外，也可以用蜡笔、铅笔、马克笔、油画棒装饰作品的外表面，装饰纹样绘制完成之后，用喷雾定画液密封画面。在正式使用上述产品装饰陶瓷作品之前先做测试，因为它们在干燥后可能会改变黏土的颜色，有时会使作品呈现淡淡的橙色光泽。邓肯牌（Duncan）高光瓷釉喷雾的透明度是所有同类产品中最好的。

信不信由你，喷砂器亦可用于改造陶瓷作品的外表面。可以用它去除釉面的光泽，甚至可以将整个釉层全部除掉，从而显露出坯体的本色。操作过程中须做好安全防护措施，例如佩戴防尘口罩或防毒面具。除此之外，必须使用恰当的喷砂媒介（建议使用氧化铝砂，因为这种物质不含二氧化硅）。可以在作品的外表面上粘贴一些由胶带或乙烯基贴花纸组成的图案，如此一来就可以喷绘出极具设计感的装饰形式了。

除了传统的釉料之外，许多材料同样适用于装饰陶瓷作品。环氧树脂、金属及其他混合媒介都是不错的选择。布料、珠子、宝石，甚至毛皮亦可用来丰富陶瓷作品的外观效果。对待陶艺须报以开明的心态和乐于尝试的精神，如此，很快就会发现一片全新的创作空间。

莫利·晨曦（Molly Morning-glory）在她的作品中使用了各种无釉装饰方法，例如图中这些奇特的鸟类雕塑上使用的是喷砂法。

莫利·晨曦（Molly Morning-glory）和纳伊姆·卡什（Naim Cash）的创意陶瓷装饰

莫利和纳伊姆搭档创作时会使用各种各样的非传统材料，包括喷漆、贴纸、丙烯颜料及瓷釉喷雾。

莫利·晨曦出身于陶艺世家，她的父亲弗里曼·琼斯（Freeman Jones）和母亲玛吉·琼斯（Maggie Jones）均就职于龟岛陶瓷厂，莫利是在父母制作的罐子堆里成长起来的。莫利的制陶基本功非常扎实，可以在短短数分钟之内制作出一只马克杯，但是她的兴趣点与父母不同，她致力于创作体量巨大、系列化、装饰形式丰富多样的雕塑型陶瓷作品。

纳伊姆·卡什（Naim Cash）来自弗吉尼亚州的里士满，擅长涂鸦和绘画。他于2016年首次接触陶艺，打那之后一直在三维陶瓷器型上进行创作，取得了令人惊叹的成就。莫利和纳伊姆搭档创作的陶艺作品特别吸引人，两位艺术家的技法和创造性思维在同一件作品上完美地融合在一起。

这些雕塑型陶瓷作品的创作步骤如下所示：首先，采用泥板成型法手工成型，在坯体的外表面上饰以肌理及釉下彩纹饰。其次，将作品放入窑炉中素烧，烧成温度为04号测温锥的熔点温度。出窑后，借助环氧树脂将坯体表面的细微裂痕或瑕疵修补好。接下来，莫利把作品移到室外，在作品的外表面上局部粘贴胶带，并喷涂金色纹饰以形成对比性装饰色块，达到丰富外观效果的目的。待莫利的工作完成之后，纳伊姆便接手作品，他用丙烯颜料在不同的色块上绘制颇具个人风格的涂鸦和图案。最后，当纳伊姆的工作也完成了之后，他会在作品的外表面上通体喷涂一层透明瓷釉喷雾，所有的装饰纹样就此被密封起来，到此为止，作品正式完成。莫利和纳伊姆搭档创作的陶艺作品充满了活力和神秘感，观之令人感到兴奋，他们两人的合作推动了美国雕塑型陶艺领域的行业发展。

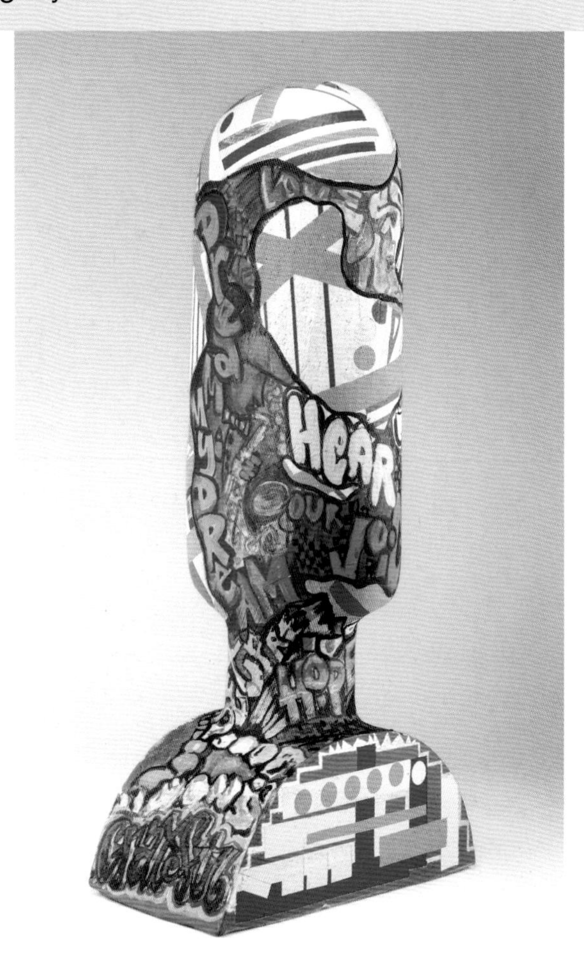

头　莫利·晨曦（Molly Morning-glory）和纳伊姆·卡什（Naim Cash），图片由哈利玛·弗林特（Halima Flynt）提供。

由胶带、贴纸、喷漆及丙烯营造出来的各种装饰形式使这件陶瓷雕塑的外观充满了生机与活力。由于装饰纹样是全方位的，所以观众可以从作品的任意角度去欣赏。

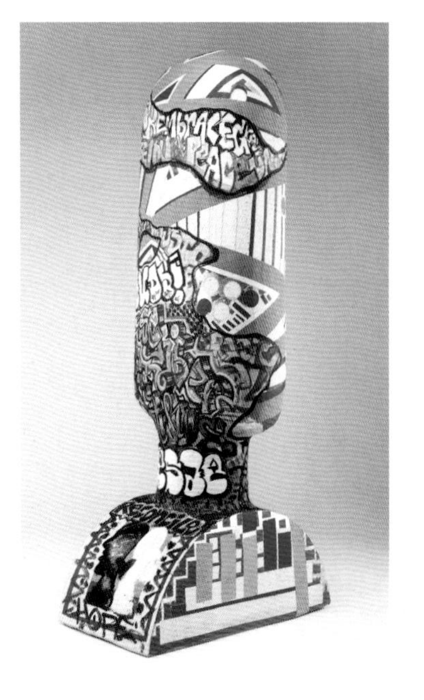

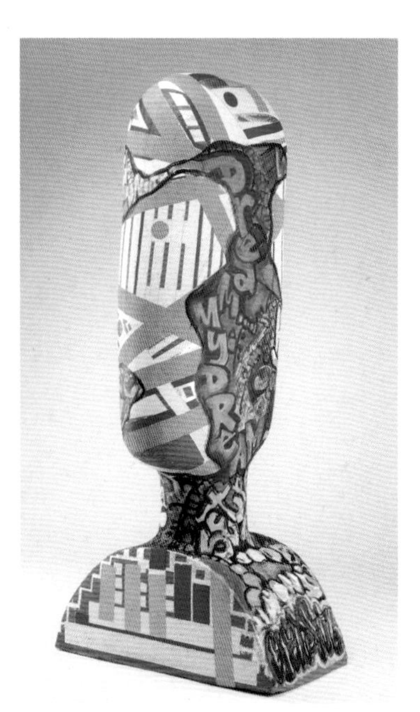

乐烧及气氛烧成

“气氛”一词是指在实施几种烧成方法的过程中（有时还包括为了获得某种艺术化的装饰效果而进行的多次复烧）窑炉内部的气体，以及物质对陶瓷作品的外表面造成影响——改变黏土和釉料的外观、颜色和肌理。最常见的气氛烧成包括乐烧、柴烧、盐烧及苏打烧，这些烧成方式所产生的外观效果各具特色，具体样貌取决于对作品的外观设定。

气氛烧成的陶艺作品极具识别度——其外观效果独一无二。控制诸多不确定性因素，同时力争在相同的方法中找寻到某些比旁人更具吸引力的装饰手段——这真是一种堪称魔法般的烧成方式！不过，这类烧成方法也存在一些缺点：首先，采用乐烧之类的某些烧成方法，坯体经过烧成之后仍然渗水，这就意味着乐烧不适用于日用陶瓷产品。其次，挑战与机会并存——一次失败的烧成会毁掉很多作品（尽管你仍有机会复烧它们）。

好消息是这类烧成方法通常都是公共项目。由于所有的气氛烧成都需要特殊的窑炉和工具，所以陶艺师们通常会组织在一起烧窑。当你无法在自己的工作室内实施气氛烧成时，可以在网上查一下，看看你的所在地是否有提供此类烧成方法的工作室，或者是否有针对此类烧成方法的专题研讨会。通过和在气氛烧成方面颇有建树的专家们一起烧窑，你就有机会学习到最适合当地黏土的成型方法、釉料配方及烧成手段。除此之外，还可以结交到很多志趣相投的新朋友。

乐烧是简易版本的还原烧成。许多陶艺机构开设乐烧课程，并向学员提供乐烧工作室。

乐烧

乐烧起源于古代日本的茶道仪式，现代乐烧的烧成温度介于 799 ~ 1063℃。由于烧成温度较低，烧成速度较快，经过乐烧的陶瓷作品仍然具有渗水性。因此，乐烧不适用于日用陶瓷产品。对于其他作品而言，其素烧温度通常为 04 号测温锥的熔点温度；对于乐烧作品而言，陶艺师们通常会将其素烧温度设置为 1 号测温锥的熔点温度，因为经此温度烧制后的坯体仍具有一定数量的孔洞，可以吸附由烟雾形成装饰肌理，同时又具有更高的强度。但需要注意的是，很多釉面效果只有在乐烧窑中才能烧出来。将炙热的坯体从窑炉中取出来，看它在装满易燃物的容器内熊熊燃烧，整个过程连贯顺畅，令人兴奋。在实施乐烧的过程中务必时刻遵守各种预防措施，具体包括用金属钳子移动坯体、佩戴隔热手套、将长发绑在身后和将灭火器放在目光可及的范围内。

1. 首先，在坯体的外表面上饰以特殊的低温釉料（参见 188 ~ 191 页相关配方），其配方内通常含有大量着色剂，例如碳酸铜。
2. 待坯体彻底干透后，将其放入顶开式窑炉中，并在较短时间内（不超过 1 小时）烧至预定温度。达到理想窑温之后即刻开窑，借助金属钳子将炙热的坯体从窑炉中取出来。Ⓐ
3. 将坯体放入一个装满易燃物的容器中，最常使用的易燃物为报纸或锯末，抑或二者兼而有之。Ⓑ
4. 待易燃物受热开始燃烧时，将容器的盖子盖上。此时容器内部烟雾浓重，呈强还原气氛。Ⓒ Ⓓ
5. 结果就是多孔的坯体因吸烟而变黑。此类乐烧方法会呈现出独特的釉面效果，例如极其美丽的龟裂纹饰，以及某些令人过目难忘的具有金属质感的外观，特别是当釉料配方中含有铜元素时表现尤甚。
6. 先让坯体在容器中降温 30 分钟，之后将其浸入一桶清水中，这样做可以起到“冻结”其外表面颜色的作用。接下来，用诸如阿贾克斯牌（Ajax）磨砂清洁剂擦拭作品的外表面，去除多余的碳，从而提升整个作品色调和光泽度。

A

B

C

D

木柴、盐、苏打、草木灰

在电和化石燃料出现之前的数千年间，木柴一直都是最主要的烧窑燃料。选购木柴是当时的陶艺师们日常工作中最重要的组成部分。德国陶艺师用退役的木船上的木柴及储存腌鲱鱼的木桶上的木柴烧窑，他们注意到用上述木柴烧制的陶瓷作品通常会散发出橙色的光晕。他们推测这光晕是由于海水里的盐浸透了木柴而引起的，于是他们在烧窑时故意加入一些盐以进一步强化光晕效果，盐烧就此诞生了。和草木灰飘落在坯体上的原理差不多，在烧窑的过程中往窑炉内部泼撒盐或苏打后，这两种物质就会挥发（从固态转变为气态），带有这两种物质的气体弥漫充斥在整个窑炉内部，在所有能接触到的物体外表面上覆盖一层氧化钠。对于陶瓷作品而言，其结果就是外观呈现橘皮状肌理。时至今日，自己有柴窑的陶艺师们会在窑炉内设置一间专门用于盐烧或苏打烧的窑室；而自己没有柴窑的陶艺师们则会在气窑内进行盐烧或苏打烧。

用木材烧窑时，产生的草木灰先穿越整个窑炉内部，最后飘落在陶瓷作品的外表面上。草木灰内含有氧化钙、氧化钾，以及少量的钠、氧化锌和其他挥发物，这些物质是许多釉料配方中最常见的组成成分。对于柴烧而言，既可以将外表面上没有任何装饰涂层的作品放入窑中，也可以在作品外表面上饰以泥浆或其他釉料，木柴燃烧化为木灰后就会飘落其上。火焰穿梭于坯体之间，会对作品的釉面外观造成显著影响。基于这个原因，柴烧艺术家们在装窑的时候格外用心，他们会有意识地将火焰引导到作品上，希望釉面上能出现尽可能多的外观变化。

乔希·科普斯（Josh Copus）的柴烧作品

我第一次见到乔希·科普斯时，他正在阿什维尔的北卡罗来纳大学攻读本科学位。乔希身材高大、魅力四射，长得颇具孩子气，对手工艺和当地的材料（他称之为“野生黏土”）充满热情，他通过制陶服务当地社区，给我留下了深刻的印象。

乔希的陶艺事业做得风生水起：几年下来，总共用掉 81 647kg 黏土（他的黏土是在北卡罗来纳州莱克斯特的一个农田里挖掘的）；与他人合作创建了“黏土空间工作室”；在麦迪逊县建造了三座大型柴窑。除此之外，由于他对当地的黏土砖非常着迷，因此成立了一家以邮购作为销售渠道的黏土砖公司，这听起来似乎不太可行，但他的公司经营得非常好。乔希的作品是外观独特的柴烧器皿：首先，将拉坯成型法和泥条盘筑法结合在一起，塑造出作品的雏形。其次，用陶拍敲击坯体，使其呈现出曲面与块面相对比的状态。最后，用手指划动泥浆装饰层，形成富有创造性的装饰纹样。

如果你觉得乔希或其他陶艺师的柴烧作品非常吸引人的话，那么你也应该好好学习并仔细研究一下这种烧成方法。以下是乔希谈及柴烧与创作时的一些观点和感悟。如果条件允许的话，你也可以在所在地或个人工作室旁建造一座柴窑。

楔 乔希·科普斯（Josh Copus），图片由艺术家本人提供。

指尖划过泥浆装饰层形成潮水般的波浪线条，为这件静谧的器皿增添了一分外形上的动态美感。

“你可以用各种各样的词汇描述柴烧，但其中永远不会出现无聊这个词。柴烧过程绝对不会让人感到枯燥。对于初学柴烧的人，我的忠告是勤学多问：自告奋勇去值夜班；竭尽所能去烧各种各样的窑；竭尽所能去向各种各样的烧窑师傅请教。但最重要的是要学习你感兴趣的、找到你想表达的，然后将其转变成你自己的。

“就我个人而言，我希望自己的作品呈现出岩石般的质感，像从沉船中或从地下发掘出来的遗珍。柴烧是帮我达到上述目标的最佳烧成方式。不过，柴烧并非我唯一依靠的烧成手段……当作品出窑后并未呈现出我理想中的效果时，我会以另外一种相对容易的烧成方法进一步完善它。

“有关烧窑的基本理论我只需要 5 分钟就能讲完，但其中的奥妙或许你需要用一生才能领略到。我能给你的最好建议是深入了解窑炉内部各个区域的烧成温度及烧成气氛。有意强化各区域的差别而不是追求均衡……你可以利用它们创造出各种各样的烧成效果。位于窑炉内部不同区域的同一种黏土和釉料会因位置不同而呈现出迥异的面貌。当你对窑炉了如指掌时，就可以让一种釉料在某次烧成中呈现出完全不同的十种状态。

“有些人认为窑位有好坏之分，我不认同这种观点。我觉得这不是好坏的问题，而是合不合适的问题，任何窑位都有适合它的作品。我都记不清有多少次了，大家一起装窑时总能听到某人

大型炻器质容器　乔希·科普斯（Josh Copus），图片由艺术家本人提供。

入窑前这件作品的外表面上并没有施釉。所呈现出来的颜色是由草木灰及火焰的走向形成的，这一特点在敲击而成的块面状侧壁上清晰地反映出来。

铁锈红色炻器质容器　乔希·科普斯（Josh Copus），图片由艺术家本人提供。

在气氛烧成状态下产生的釉料彰显了黏土本身的美感。由于这件作品的坯料用的是在当地手工挖掘的“野生黏土”，所以坯体的外表面上布满了粗糙的砂砾。

月亮罐 乔希·科普斯（Josh Copus），图片由艺术家本人提供。

用于支撑坯体的贝壳在烧成之后留下美丽的痕迹。烧窑的时候，将贝壳垫在作品的下面可以起到防止坯体粘板的作用。因此，贝壳在这里是作为一种特殊的支钉来使用的。罐子是躺倒烧制的，这种姿态会对气氛烧成状态下所产生的釉料流动方向造成一定影响。

说‘我不喜欢后面的位置’或‘前面的位置最好’。这么多年下来，我见过太多人们口中的好窑位烧出失败作品的案例。当一个罐子的盖子因落灰太重与罐身粘结为一体时，那它就是一件失败的作品，罐子外表面上的烧成效果再怎么好看也是枉然。

“柴烧就像一把双刃剑，它既可能让你感受成功的欣喜，也可能让你感受失败的沮丧。遇到挫折的时候别气馁，明天的太阳会照常升起来。只要你持之以恒地去追求，那么终有一日会有所收获的。”

琳达·麦克法林（Linda McFarling）的盐烧作品

盐烧陶艺家琳达·麦克法林说："作为一名主攻日用陶瓷产品的陶艺师，我的目标是从传统器型中汲取创作灵感，努力丰富其品类。"对于她的观点我深表认同和欣赏。琳达的作品深受日本和韩国日用陶瓷产品的影响，她从入行以来一直致力于经典造型的再创新，她将自己的风格烙印其上，创作了大量活力十足并具有创新感的盐烧作品。

她不断追求新的表达方式，近几年来，她的创作形式日益拓展，从最初的拉坯器皿发展到系列化的挤压成型的漂亮花瓶。琳达是不可多得的艺术家，同时也是一名出色的教师，她的课很受欢迎。学生们不仅会被她作品中的朴素之美所吸引，还会被她的教学热情所感染。在我看来，精通盐烧及苏打烧的琳达堪称在世的人间瑰宝。

三足罐 琳达·麦克法林（Linda McFarling），图片由艺术家本人提供。

这个罐子外表面上的所有颜色和肌理都是在气氛烧成的过程中由盐和苏打形成的。

如果你也打算学习盐烧，不妨参考以下建议，这些都是琳达从教多年总结的宝贵经验：

1. 千万不要忘记在所有作品的底板下放置垫片！陶瓷作品在气氛烧成环境中极易出现粘结窑具的现象，在作品的底板下放置垫片可以有效预防粘结（垫片的配方请参见195页相关内容）。
2. 确保手头备有足够的粗盐和苏打。对于一座0.6m^{3}的窑炉而言，盐或苏打的投放量为1.36 ~ 2.27kg就足够了。既可以将上述两种物质卷在报纸里投入窑炉中，也可以将其溶于清水后喷入窑炉中。
3. 确保各种机械设备（包括燃烧器、鼓风机及喷雾器）处于正常工作的状态。
4. 确保釉层厚度适中，流动性较大的釉料不宜直接接触火焰。
5. 千万不要使用橡胶质地的喷雾器！因为橡胶受热后会熔化，你会手忙脚乱，来不及把盐或苏打投入窑炉内部。
6. 装窑的方式极其重要。对用于装饰坯体的各类泥浆要做到了如指掌，调整好心态慢慢积累经验。烧成能否成功、作品的外观效果能否令你满意在很大程度上取决于上述因素。
7. 假如你对盐烧及苏打烧很感兴趣的话，那么我建议你最好和精通这方面的专家一起工作。当你对某种类型的陶艺作品产生兴趣时，如果有可能的话，直接求教于它的创造者无疑是最好的学习途径。细节决定成败，选对路时就会达到事半功倍的效果！

茶碗　琳达·麦克法林（Linda McFarling），图片由艺术家本人提供。

坯体在入窑烧成之前喷涂的釉料和在气氛烧成过程中产生的釉料结合在一起，赋予这些茶碗一种特殊的触觉美感。

砂锅　琳达·麦克法林（Linda McFarling），图片由艺术家本人提供。

砂锅上的施釉部位和无釉部位完美地融合在一起，为整个砂锅增添了一分美感。

橄榄油壶　琳达·麦克法林（Linda McFarling），图片由艺术家本人提供。

作品的外表面上只喷了一种釉料，由于棱边等凸出部位上的釉层相对较薄，壶身上的肌理也因此得以强化。

茶壶　琳达·麦克法林（Linda McFarling），图片由艺术家本人提供。

壶身上布满浓重的盐渍肌理，与提梁的颜色和质地形成鲜明的对比。

橄榄油壶

琳达·麦克法林（Linda McFarling），图片由艺术家本人提供。

在气氛烧成的过程中，投进窑炉内部的盐和苏打会严重影响釉料的烧成效果。

佳作赏析

结晶釉花瓶 弗兰克·维克里（Frank Vickery），图片由迪克·迪金森（Dick Dickinson）工作室提供。

令人惊叹的蓝色结晶突出了拉坯瓶子的外形美感。

金耳兔和狗 泰勒·罗伯纳特（Taylor Robenalt），图片由艺术家本人提供。

釉下彩、光泽彩及白瓷形成了强烈的对比。

另一个结晶釉花瓶 布鲁斯·霍尔森（Bruce Gholson），图片由艺术家本人提供。

各色晶体交会在一起，在作品的外表面上构成了一副可爱的图案。

结晶釉球形容器 弗兰克·维克里（Frank Vickery），图片由迪克·迪金森（Dick Dickinson）工作室提供。

容器顶部饰以近乎纯白色的釉料，容器下部饰以带有数颗大晶体的琥珀色釉料，两种釉料之间的过渡非常完美。

钼结晶花瓶 布鲁斯·霍尔森（Bruce Gholson），图片由艺术家本人提供。

这些晶体之所以会呈现出七彩霓虹色，是因为釉料配方内添加了钼。

亚光结晶釉花瓶 萨曼莎·亨内克（Samantha Hennekc），图片由艺术家本人提供。

瓶颈上的釉料向下流动，为作品增添了一分律动感，与亚光瓶身上的气泡状结晶形成强烈的对比。

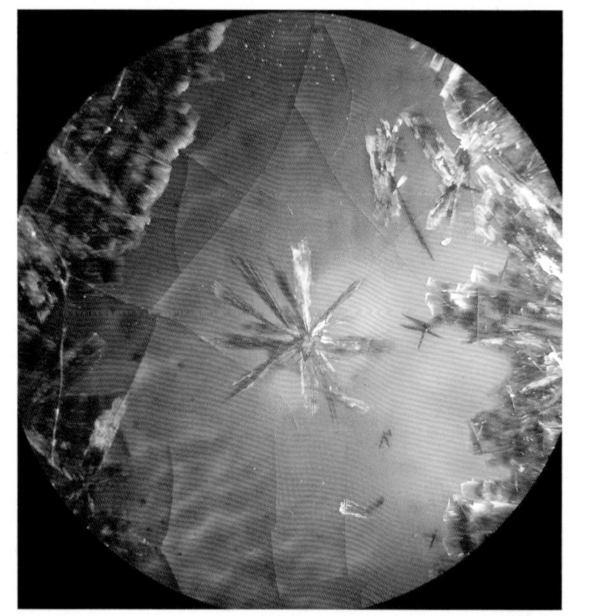

显微镜下的结晶釉 埃文·科尼什·基夫（Evan Cornish-Keefe），图片由艺术家本人提供。

可以通过显微镜仔细观察釉料中的晶体样貌。

椭圆形盘子 比尔·坎贝尔（Bill Campbell），图片由艺术家本人提供。

盘子内布满了巨大的结晶。只有精通施釉技法，并且用心烧窑才能获得如此出众的烧成效果。

星辰葵口碗 比尔·坎贝尔（Bill Campbell），图片由艺术家本人提供。

这是一件经过变形的拉坯器皿，釉液汇集在碗内的装饰线条处，令整只碗呈现出色彩斑斓、异常美丽的外貌。

白盘子 阿德里安·桑德斯特罗姆（Adrian Sandstrom），图片由艺术家本人提供。

灰色、黑色及白色，这三种中性色在这只盘子的外表面上跳着欢快的舞蹈，观之颇似显微镜下的微生物。

结晶釉碗 埃文·科尼什·基夫（Evan Cornish-Keefe），图片由艺术家本人提供。

碗沿上壮观的结晶与碗内壁釉层下隐隐约约的黏土斑点形成了绝佳的对比。

第五章

烧成、打磨与修缮

距今大约3万年前，人类开始制作陶俑并在坑里烧制。随着经验的不断积累，这些远古时期的陶艺家们逐渐掌握了提升烧成温度的方法，并在山体侧面开凿出人类制陶史上的第一座原始穴窑。距今大约7 000年前，埃及人发明了一种耐火的陶釉，其配方组成为玻璃和助熔剂。埃及陶釉的出现代表着釉料历史的开始，制陶者们开始有意识地在陶器的外表面上试用陶釉，有意识地用上述原料为作品镀上一层膜——以达到降低坯体渗水率的目的。

快进到现代，你会发现陶瓷材料科学家可以通过元素周期表了解各类陶瓷材料及其相互作用。虽然各类陶瓷材料的烧成效果是可以提前预见的，但是完美的烧成效果却取决于对烧窑方法的熟练掌握，有关这方面的内容将在本章中作以详细讲解。在某件作品的成型及施釉阶段投入了全部心力，但在烧成阶段却很随意或没有给予足够的关注，那么该作品的烧成效果很可能会令你大失所望。相反，当你将自己的全部关注度倾注于整个创作过程——既包括成型和施釉过程，也包括烧成过程——那么该作品的烧成效果不但会令你感到惊艳，你还可以获得复制烧成效果的能力。

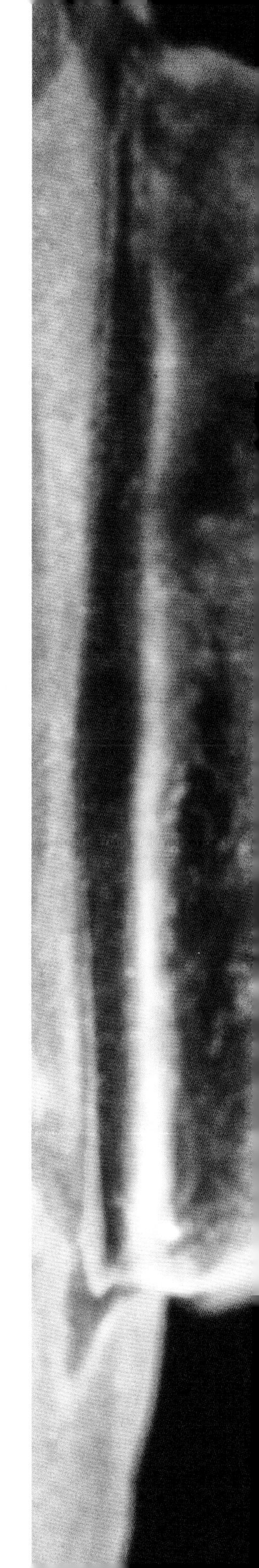

烧成基础

在过去的几千年中，人类使用各种各样的燃料烧窑。古代人烧窑时使用的燃料包括动物粪便、木材、稻草。现代人烧窑时使用的燃料除上述几种外，还包括煤、石油、天然气、丙烷，甚至是从垃圾填埋场里收集起来的甲烷。时至今日，美国、英国及欧洲大陆的绝大多数窑炉都以电或天然气为燃料。但值得注意的是，电的来源仍有可能破坏生态环境，例如烧煤取电。当你想象燃烧一块煤来加热电窑中的炉丝时，你的头脑中就会迸发出某些能够提高烧成效率的灵感。

本章内容如下：重点介绍两种应用最广泛的窑炉（电窑及气窑）；适用于不同类型陶瓷作品的烧成时刻表；讨论施釉过程中的常见问题及其解决方法。但首先，让我们先从一件陶瓷作品的最初级烧成——素烧开始学起。

素烧

绝大多数陶艺师在正式施釉之前，都会先将作品放入窑炉中素烧一遍，烧成温度介于942 ~ 1 063℃，经过素烧的坯体比未经烧成的素坯坚固许多，但坯体上仍然具有相当数量的细微孔洞，可以吸附釉液。关于素烧，有几个重要的注意事项。

无论何种烧成，首先得确保将窑炉建造在通风良好的环境中，或者安装排烟设备，因为在烧窑过程中某些原料会产生气体。在将陶瓷作品放入窑炉中烧制之前，首先确保坯体已经彻底干透（当然，你可以用窑炉烘干坯体，但是这对于窑炉本身及燃料而言肯定会造成一定程度的浪费）。不要浪费窑内空间，能放多少坯体就放多少坯体。但是，务必要避免坯体之间的过度堆叠及过度嵌套，因为坯体过度叠摞会影响到有机或无机燃料的烧成效率，从而影响到后期釉烧时的外观效果（参见136和148页相关内容）。

在素烧的过程中，黏土会发生一系列变化。首先，并非通过化学键结合的那一部分水——“物理水”（H_2O，位于黏土分子之间，没有静电吸引力）会在窑温达到水的沸点时蒸发掉，通常是在100℃左右。许多陶艺师会在窑温到达82℃时保温烧成30分钟至6小时，以确保残留在坯体内部的水已经彻底蒸发。此阶段称为预热烧成，将窑炉上的某一个观火孔打开，并把一面镜子凑近洞口上方，观察镜面上是否出现水蒸气，用这种方法可以检测坯体内部残留的水是否已经彻底蒸发。当镜面上出现冷凝水时，说明坯体内部残留着大量水分，它们正在慢慢地蒸发出来。待镜面上的水雾彻底消散之后再提升窑温。假如物理水在窑温达到水的沸点以上时仍然存在，那么它的体积就会在汽化的过程中膨胀开来，小则导致坯体鼓包，大则令作品炸裂至粉身碎骨的程度。在继续提升窑温之前，必须确保坯体已经彻底干透，这一点至关重要。

注意事项：装素烧窑时（严格来讲，亦包括釉烧窑），务必将上下层立柱排列在同一条垂直线上，如此一来它们就会汇聚成同方向发力的整体式支撑结构。交错摆放立柱会导致硼板曲翘变形，或者更加糟糕的是，硼板有可能因为受压不均而破裂，导致放在窑炉内部的所有陶瓷作品全部坍塌（粗心大意的人需格外注意）。

电窑烧成是现代陶艺工作室内最常见的烧窑方法。

当烧成温度介于 300 ~ 700℃时，黏土中的有机物化为灰烬。当烧成温度介于 450 ~ 600℃时，黏土中的化学结合水（对黏土分子具有静电吸引力的水）流失殆尽。当烧成温度达到 573℃时，黏土中的石英经历烧窑过程中的首次转化，石英出现线性膨胀现象。在此阶段，有些陶艺师会将升温速度降至每小时 38℃，而有些陶艺师则仍然按照原有的升温速度烧窑。当烧成温度达到 700℃时，包括碳和硫在内的无机物开始燃烧，并产生二氧化碳和二氧化硫。当烧成温度超过 788℃时，熔块、苏打、硼开始熔融，黏土烧结（黏土分子重新排列呈晶格结构，其质地愈发致密）。

绝大多数陶艺师会将素烧温度设定在 08 号测温锥的熔点温度（942℃）与 04 号测温锥的熔点温度（1 063℃）之间。对于这两个温度值，建议大家选择后者，因为较高的温度有利于热量穿越坯体上的较厚部位，有利于有机物和无机物燃烧殆尽。与此相反，较低的温度会使坯体上拥有更多孔洞，吸附釉液的速度更快。采用浸釉法为坯体施釉时，浸釉时长须参考素烧温度加以调整。

无论使用电窑还是气窑进行素烧，都需保持氧化气氛。素烧阶段必须提供足够的氧气来烧尽坯体中的碳和硫，假如这两种元素未在此阶段彻底排尽，就会在稍后的釉烧阶段引发釉面缺陷——针眼。

如果电窑上带有电子控温设备的话，建议将素烧速度设置的慢一些。

标准器型（体量、厚度均为中等）的素烧速度表：

第 1 阶段	每小时 27 ~ 121℃
第 2 阶段	每小时 93 ~ 538℃
第 3 阶段	每小时 38 ~ 593℃
第 4 阶段	每小时 82 ~ 816℃
第 5 阶段	每小时 42 ~ 1 063℃

上述速烧速度表适合素烧绝大多数陶瓷作品，整个烧成时长约为 12 小时。对于那些体量较大、器壁较厚或雕塑型陶瓷作品而言，建议使用下面这个速烧速度表。

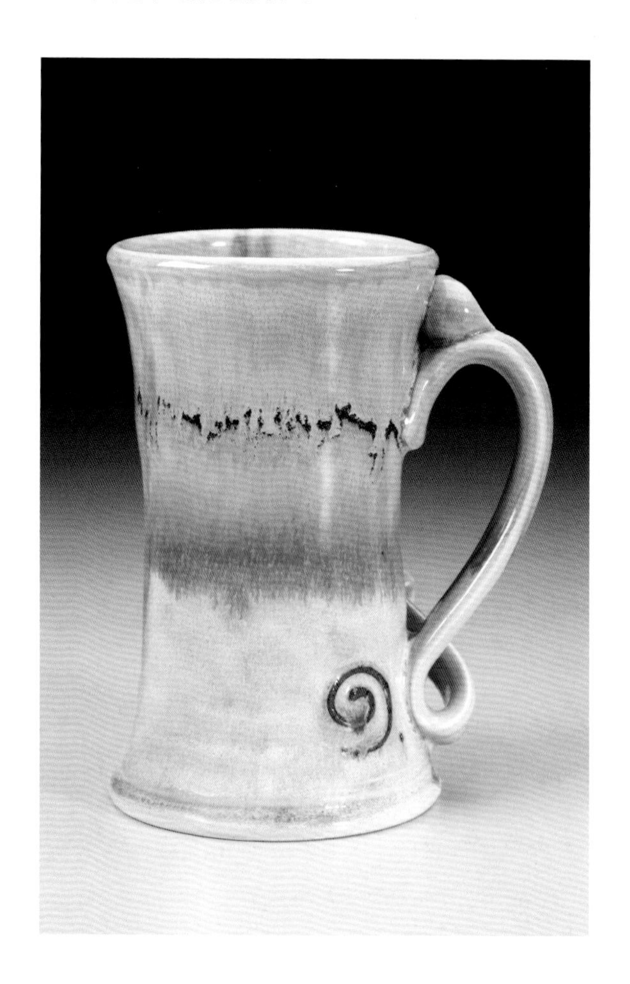

青瓷啤酒杯 加布里埃尔·克莱恩（Gabriel Kline），图片中的这只啤酒杯是由本书的作者设计制作的。图片由史蒂夫·曼恩（Steve Mann）提供。

当你全身心投入烧窑时，一定会得到美丽且日后仍可复制的烧成效果。

体量大或者器壁厚重器型的素烧速度表：

第 1 阶段	每小时 24 ～ 82℃（当窑温到达上述温度区间时，保温烧成 2 ～ 8 小时，具体保温时长取决于陶瓷作品的体量和器壁厚度）
第 2 阶段	每小时 66 ～ 482℃
第 3 阶段	每小时 24 ～ 649℃
第 4 阶段	每小时 79 ～ 1 063℃

对于那些没有安装电子控温设备的窑炉而言，陶艺师就不得不在数个烧成关键点上手动升温。首先是预热烧成阶段（低温烧成），此阶段的烧成时长不得短于 3 小时，或者待放置在观火孔上方镜子上的水雾彻底消散之后再结束。借助镜子探测坯体湿度时，必须将窑室内的排风扇关掉，以确保观测结果的准确性。其次，中温烧成 3 小时。最后，以测温锥的融熔弯曲状态作为参考，将窑温逐步提升到预定的烧成温度。

标准器型的电窑烧成时刻表：

第 1 阶段	预热烧成阶段，3 小时
第 2 阶段	中温烧成阶段，3 小时
第 3 阶段	持续升温，直至达到预定的烧成温度为止

体量大或者器壁厚重器型的电窑烧成时刻表：

第 1 阶段	开启窑炉底部炉丝，低温烧成 2 小时
第 2 阶段	开启窑炉中部炉丝，低温烧成 2 小时
第 3 阶段	开启窑炉顶部炉丝，低温烧成 2 小时
第 4 阶段	将窑炉底部炉丝上调至中温，烧成 2 小时
第 5 阶段	将窑炉中部炉丝上调至中温，烧成 2 小时
第 6 阶段	将窑炉顶部炉丝上调至中温，烧成 2 小时
第 7 阶段	将窑炉底部炉丝上调至高温，烧成 2 小时
第 8 阶段	将窑炉中部炉丝上调至高温，烧成 2 小时
第 9 阶段	将窑炉顶部炉丝上调至高温，持续烧成，直至达到预定的烧成温度为止

釉烧

当你掌握了素烧之后，再学习釉烧就容易多了。但需要注意的是，素烧和釉烧存在着巨大的差异——二者在烧成速度、时间及装窑方式这两方面完全不同。就拿装窑来说吧，坯体与坯体之间、坯体与窑具之间的距离不得小于 0.6cm。还有一点如 48 和 50 页提到的，所有作品的底板上不得施釉，侧壁最下方 0.6cm 以内的位置不得施釉，以便为釉料流动预留足够的空间。与素烧不同，釉烧时不可以将陶瓷坯体套装在一起。当熔融的釉料逐渐冷却凝结时，距离过近的坯体极有可能粘结在一起。

气窑，图中的这座窑炉是盖尔牌（Geil）窑炉，用于烧制还原气氛（参见 143 和 145 页相关内容）。

往棚板的上表面涂抹窑具隔离剂时不要涂满整个面，四周边缘必须预留出 0.6cm 的位置，以避免窑具隔离剂剥落并掉到下层硼板上，或者掉到位于其下方的陶瓷作品外表面上（窑具隔离剂是耐火材料加水调和而成的溶液，将其涂抹在窑具的外表面上，可以起到防止釉料流淌粘板的作用。窑具隔离剂的配方请参见 195 页相关内容）。除此之外，必须将所有试片，特别是极有可能出现流釉现象的试片放在垫板上烧制。垫板由黏土制作而成，外形呈圆饼状，使用之前已经过烧成，且其外表面上已经涂抹过窑具隔离剂，烧窑的时候须将其垫在陶瓷坯体的底下。垫板的作用是将融熔流淌的釉料阻隔住，防止它流到硼板上，更换一块新硼板的费用远比更换一块垫板的费用高太多（更多有关垫板方面的信息，请参见 140 页相关内容）。

和素烧一样，装釉烧窑时也必须将上下层的立柱排列在同一条垂直线上，而不是错开摆放，垂直叠摆有利于形成最坚固的支撑结构，对硼板造成的压力最小。硼板受力不均时极易出现断裂现象。

不同的人会用不同的方式对待那些流动性较大，或者有“安全隐患”的釉料。就烧窑前窑具的准备工作而言，我将其分为下面 3 个等级：

- 及格：确保仅在棚板的上表面涂抹窑具隔离剂，不涂满——硼板周圈预留出 0.6cm 的位置。
- 良好：陶瓷坯体下方垫着涂抹过窑具隔离剂的垫板，而垫板又放在涂抹过窑具隔离剂的硼板上。
- 优秀：陶瓷坯体下方垫着耐高温支撑物，支撑物放在涂抹过窑具隔离剂的垫板上，垫板又放在涂抹过窑具隔离剂的硼板上。

乐烧过程着实令人兴奋，它比其他任何一种烧制方法都要快，乐烧仅适用于陈设型陶艺作品，不适用于盛放食物或饮料的日用陶瓷产品。

蒂莎·库克（Tisha Cook）的“优秀级”窑具准备工作

奥德赛陶瓷学校里的窑炉为大型前开式倒焰窑，蒂莎研发了好几种烧窑用具，这些用具现已成为所有学生的教学工具。蒂莎是一位出色的陶艺师，她曾做过蛋糕师，她对作品细节的关注程度是同工作室内其他人无法比拟的（她先用拉坯成型法拉制出外形精准的器型，待坯体达到半干程度之后塑造块面，雕刻纹饰，粘结轮廓优美的底足、把手及提钮）。她精通浸釉法、淋釉法及喷釉法，常将上述几种施釉方法结合使用。各种釉色在烧成的过程中相互交融、相互影响，由于产生共熔现象而融熔流淌，在犹如缎面般的底釉上生成由草木灰釉和结晶共同组成的绚丽外观。待作品经过多次烧成之后，蒂莎还会为其增添更多装饰细节，例如为作品搭配一个原创贴花纸纹饰或商业生产的芦苇提梁。为了让芦苇的色调与釉料及贴花纸纹饰的色调相协调，她甚至会亲手给芦苇染色！

上述施釉方法极易导致釉料熔融粘板，为了避免这种情况，蒂莎对窑具的准备工作甚为谨慎，这种堪称“优秀”级别的操作能将烧成损失降至最低程度。她的做法如下所示：首先，在涂抹过窑具隔离剂的硼板上放置一块涂抹过窑具隔离剂的垫板；其次，在涂抹过窑具隔离剂的垫板上放置一些球状支钉；最后，将陶瓷坯体放在支钉上。装窑期间上述操作看似劳神费力，却能免去很多后顾之忧——流动的釉料被阻隔住，坯体底板清洁整齐无须打磨。成型、深入塑造、素烧、釉烧，无论哪一个环节蒂莎都全身心地投入进去，给予足够的和应有的关注。这种“优秀”级别的窑具准备工作令蒂莎成功烧制出绝大多数作品，出现烧成问题的个案极其少见。除了认真严谨的工作态度之外，我对蒂莎制作的垫板也相当推崇，其制作方法如下：首先，擀制一块厚度约为0.3cm的泥板；其次，借助定制的模具压印泥

制作并使用图中这样的垫板看似劳神费力，却能避免很多后顾之忧——熔融流淌的釉料被阻隔住，不会粘结到作品的底板上，从而保住了罐子、杯子及碗的“性命”！

带有芦苇提梁和贴花纸纹饰的青瓷盖碗 蒂莎·库克（Tisha Cook），图片由史蒂夫·曼恩（Steve Mann）提供。

提钮底部与盖子交汇处呈十字交叉状，诸如此类的细节可以给予观众无比愉悦的视觉感受。

板外形并将其边缘修整平滑。入窑烧制之后在其外表面上涂抹一层窑具隔离剂。

自制垫板时，需确保其原料为高温黏土（烧成温度为10号测温锥的熔点温度），即便将来烧窑时并不会把烧成温度设置到如此之高，也应选用高温黏土。因为不慎将低温黏土制作而成的垫板放入高温窑炉中烧制时，它会熔融成一摊泥沼并粘结在窑具上，留下永久的印迹。那些已经曲翘变形或粘结了釉渍的垫板就不要再使用了。初次烧制某种新釉料或组合烧制数种釉料，存在安全隐患或极有可能流淌粘板时，必须在坯体的底部放置垫板。让这种做法成为你的习惯，久而久之，一定能避免很多烧成问题。烧窑时在坯体底部放置垫板，可以极大程度地提高成品数量，即便是盘子或碗里有裂痕，釉料也不至于流淌并粘结到砌板上。

带塞子的香水瓶 蒂莎·库克（Tisha Cook），图片由史蒂夫·曼恩（Steve Mann）提供。

由于喷釉时的动作十分谨慎，因而在瓶身上形成水平方向且极富韵律感的肌理。带有弧度的底足加上流动性不大的釉料，二者结合有效避免了流釉粘板现象。

带有芦苇提梁和贴花纸纹饰的钴蓝色盖碗 蒂莎·库克（Tisha Cook），图片由史蒂夫·曼恩（Steve Mann）提供。

半透明钴蓝色釉突出了碗身上的贴花纸纹饰及雕刻图案。所有的细节结合在一起，令作品呈现出无比精致的面貌。为了让芦苇提梁与贴花纸纹饰的色调相匹配，蒂莎会为芦苇提梁染色，待作品釉烧之后再将染好颜色的提梁安装上去。

在素烧阶段，由于坯体内的有机物已经燃烧殆尽，物理水也已经彻底蒸发掉，所以从烧成时刻表上的数据来看，釉烧初期的升温速度明显快过素烧同期的升温速度。但稍后向预定烧成温度逐步爬升时的烧成速度较之素烧同期的升温速度会慢很多，其原因是必须为釉料熔融预留出足够的时间。当釉料尚未在坯体的外表面上熔融凝结成光滑且平整的外壳之前，通常会产生大量气体，釉层中会出现大量气泡。待窑温接近预定烧成温度时放慢烧成速度，以便气体排放。倘若在此阶段没有放慢烧成速度，就会在烧成后的釉层中发现大量气泡，或者在坯体上发现大量无釉层覆盖的细微孔洞。进入降温烧成阶段后，熔融成液态的釉料会因温度下降而再一次“冻结”，从而在陶瓷坯体的外表面上形成一层坚固的外壳。待窑炉内部的温度降至室温之后再出窑。

标准器型（体量、厚度均为中等），釉烧速度表：

第 1 阶段	每小时 93 ~ 121℃
第 2 阶段	每小时 204 ~ 538℃
第 3 阶段	每小时 82 ~ 621℃
第 4 阶段	每小时 149 ~ 923℃
第 5 阶段	每小时 49℃，直至达到预定的烧成温度为止

除此之外，还有一个由皮特·平奈尔（Pete Pinnell）研发的低温（烧成温度为 6 号测温锥的熔点温度）釉烧速度表，当窑温到达预定烧成温度之后，烧成会继续下去，降温速度会因此而变慢。慢速降温不但有利于生成结晶，还可以有效预防针眼等烧成缺陷，后文将就这方面的内容作详细讲述。

低温釉烧速度表：

第 1 阶段	每小时 38 ~ 93℃
第 2 阶段	每小时 232 ~ 1 038℃
第 3 阶段	每小时 42 ~ 1 202℃
第 4 阶段	每小时 66 ~ 927℃

注意事项：斯卡特牌（Skutt）测温锥烧成温度表建议，要想达到 6 号测温锥的熔点温度（1 220℃），须以每小时 42℃的升温速度为宜。但我在实际烧窑的过程中发现，由于烧成过程中会产生额外的热功，当窑温达到 1 202℃时，6 号测温锥已经彻底熔融弯曲了，所以此刻如果依然将窑温提升到 1 220℃，就极有可能导致釉料过烧。如果窑炉上并未安装电子控温设备，待窑温达到预定烧成温度 2 ~ 3 小时之后，可以通过手动控温方式令其降温。

陶艺知识误区 #412：电脑（或者电子控温设备）绝对不会出错。

尽管电脑和电子控温设备确实能为烧窑带来很多便捷，但是全然依靠它们做出判断，找出最适当的关窑时间是极不可靠的。电子控温设备可能出现故障，比如继电器可能卡住，控制器及热电偶可能失调。出现上述问题时会导致两种情况：一种是在窑温达到预定烧成温度之前结束烧成（欠烧）；另外一种是当窑温达到预定烧成温度之后继续烧成（过烧）。为了避免上述问题，建议

务必使用测温锥。将测温锥放在窑炉内部正对观火孔处，以便在烧窑的过程中随时监控其烧成状态。当窑温接近预定烧成温度时，必须时刻守在窑炉旁边，倘若此时测温锥未熔融弯曲，而窑炉却已在电子控温设备的干涉下提前熄了火，那么可以通过手动控制的方式再次启动窑炉，让它继续烧成，直到测温锥彻底熔融弯曲后再手动关闭窑炉。同理，倘若测温锥已经彻底熔融弯曲了，而窑炉却在电子控温设备的干涉下继续烧成，那么也可以通过手动控制的方式关闭窑炉，以防出现严重过烧的现象。

还原烧成

用气窑烧制还原气氛时，需要同时监测升温速度及烧成气氛这两项指标。在还原烧成的过程中，窑炉内的一氧化碳为了维持燃烧，会将釉料及黏土中蕴含的氧分子（氧化铁和氧化铜最容易分解产生氧分子）吸收殆尽。釉料及黏土中的氧分子流失，会导致其颜色发生变化。例如，在氧化烧成中呈现绿色或蓝色的铜，会在还原烧成中变成牛血红色。

当窑温达到012号测温锥的熔点温度时（861℃），开始还原烧成。在窑温达到上述温度之后，可以通过闭合窑炉烟囱挡板的方式切断氧气补给。为了达到“逐级还原”的目的，可以以每小时大约60℃（或者每分钟1℃）的升温速度烧窑，直至窑温达到1 063℃为止。当闭合窑炉烟囱挡板后，假如窑温开始下降，可以再把烟囱挡板拉开一点点，直到升温速度达到上述标准为止。当窑炉烟囱及观火孔内冒出带有橙色火舌的黄色火焰时，就说明此时窑炉内部为还原气氛。初次还原之后，可以再次开启窑炉烟囱挡板，此时出现蓝色火苗预示着氧气进入窑炉内部，持续烧制直到距预定烧成温度还差200℃为止。到了这一刻，再次闭合窑炉烟囱挡板，以使釉料进一步还原。

可以借助氧气探测仪测量窑炉内部的氧气含量，进而推测出窑炉内部的还原强度。但不得不说的是，氧气探测仪既昂贵又容易损坏。有一种无须花钱的替代方法，那就是观察火焰颜色。正如前文所述：当窑炉内部的烧成气氛为还原气氛时，窑炉烟囱及观火孔内就会冒出黄色或橙色的火焰；而氧化气氛下的火焰颜色是蓝色的。由于还原强度会对烧成效果造成极大的影响，所以在烧窑的过程中，必须通过开启/闭合烟囱挡板的方式控制还原强度，并在烧成的过程中将每一次操作的细节都清清楚楚地记录下来。

还原烧成可以产生非常独特的烧成效果，让釉料及黏土呈现出与氧化烧成时截然不同的样貌。图中的这套餐具是由凯斯·科斯达德（Cayce Kolstad）设计制作的，所用的坯料是革黄色炻器坯料，所用的釉料是罗杰（Roger）研发的绿釉及黄色盐釉。

还原气氛，高温（10 号测温锥）釉烧速度表：

第 1 阶段	开启烟囱挡板，以每小时 38℃的速度升温至 93℃
第 2 阶段	开启烟囱挡板，以每小时 204℃的速度升温至 861℃
第 3 阶段	闭合烟囱挡板，直到烧成速度达到每小时 16℃为止，烧至 1 063℃
第 4 阶段	开启烟囱挡板，直到烧成速度达到每小时 38℃为止，烧至 1 177℃
第 5 阶段	闭合烟囱挡板，直到窑炉烟囱及观火孔内冒出黄色或橙色的火焰为止，看到这种颜色的火焰就说明此刻窑炉内部的气氛为还原气氛，以每小时 16 ~ 38℃的速度升温至预定烧成温度（约为 1 288℃）

注意事项：上述烧成速度表适用于盖尔牌（Geil）倒焰窑。并非所有的气窑都必须按照表中第 5 阶段所述那样调整烟囱挡板的位置。

达到预定烧成温度之后，有些陶艺师会氧化烧成半小时，其目的是提升釉色的艳丽程度，你也可以这样做。为了营造氧化气氛，可以将烟囱挡板彻底抽离开，以便足量氧气进入窑炉内部。试试这种烧成方法，看它是否适合你，是否适用于你所选择的釉料。

无论是电窑氧化烧成还是气窑还原烧成，烧窑工作一旦结束，窑炉便进入缓慢降温阶段。待窑温下降至室温之后才可以打开窑门。当你不得不窥看一下窑炉内部的情况时——因为某些特殊缘由，而非因为一时冲动或者好奇——务必确保窑温不超过 116℃，待窑温降至 66℃以下之后再彻底打开窑门。

考虑烧成温度范围

陶艺知识误区 #218：05 号测温锥、6 号测温锥和 10 号测温锥都只不过是烧窑时用到的测温工具而已。

任何一种陶瓷材料都有烧成温度范围，当达到熔点温度时，其流动性会变大。当把数种材料以正确的方式结合在一起使用时，几乎可以在任何烧成温度下获得具有流动美感的釉面效果。商业生产的釉料，其烧成温度通常为 05 号测温锥、6 号测温锥或 10 号测温锥的熔点温度。当然，也有例外，例如美国艺术黏土有限公司生产的低温红釉，用 6 号测温锥的熔点温度烧制时外观效果最佳，温度超过此数值时会出现“失色”现象。可以通过制定或调整配方的方式令釉料在某种温度区间内熔融成熟，许多釉料（并非所有釉料）会在温度和气氛的双重影响下展现出非常独特的品质。

每一种釉料都有其建议烧成温度，乍看之下，采用更高的温度烧窑似乎不可行。需要注意的是，这种烧成方式不同于过烧。“过烧”的“过”字本身意味着做得太过火了，超过限定范围了，太过分了。过烧导致的可怕后果如下：陶瓷坯体粘结在硼板上，融熔流淌的釉料从上层硼板一路流下并粘结在下层坯体上，你不得不戴上防尘口

图片中的两个试片看上去颜色并不相同，实际上却是同一种釉料——薄荷绿釉（参见 180 页相关配方），二者的发色之所以有差别是因为烧成温度不同，左侧试片的烧成温度为 5 号测温锥的熔点温度，右侧试片的烧成温度为 7 号测温锥的熔点温度。

罩和护目镜，在角磨机上千辛万苦地将上述所有粘结物一一打磨干净。然而，经验告诉我，只要采取可控制的烧成方式，以及做好相应的预防措施，采用更高的温度烧窑可以令釉料呈现出非常独特的动态美感。以我自己的经验来看，某些建议烧成温度为 6 号测温锥熔点温度的釉料，用 7 号测温锥的熔点温度烧制时，其成熟度和外观效果更好一些。很多釉料都有上述特征，当将其烧成温度提高到 8 号甚至 10 号测温锥的熔点温度时，其烧成效果更具吸引力。

我鼓励你采用更高的温度烧窑，将该过程视作探寻陶瓷材料耐热极限的实验。当刻意用这种方式烧制釉料时，首先得确保用于制作坯体的黏土能够承受得了如此高的烧成温度。很多烧成温度原本为 6 号测温锥熔点温度的黏土，在用 7 号测温锥的熔点温度烧制之后，其玻化程度更高（外观更像玻璃，吸水率更低），敲击坯体时可以产生美妙的共鸣音。同理，很多用于制作饮食类日用陶瓷器皿的黏土，其烧成温度原本为 10 号测温锥的熔点温度，用 7 号测温锥的熔点温度烧制时也能达到充分玻化的状态。有意提高烧成温度时，最需要注意的是务必确保所选用的黏土能够承受如此高的烧成温度，能够达到足够的成熟程度，能够胜任预期的实用需求。正式烧制釉料之前先做黏土烧成实验，因为有些烧成温度为 6 号测温锥熔点温度的黏土极有可能出现膨胀或扭曲现象，有些烧成温度为 10 号测温锥熔点温度的黏土极有可能出现玻化不完全的现象，从而影响其使命寿命。为了避免不必要的损失，在正式实施上述烧成方式之前，一定要测试，测试，再测试！

原有烧成温度为 6 号测温锥熔点温度，用 7 号测温锥的熔点温度烧制之后亦能呈现出外观效果极佳的釉料有：薄荷绿釉、春青瓷釉、变色灰绿釉。这些釉料的配方及其建议烧成温度范围请参见 172 页相关内容。

与此相反，你也可以故意降低某种釉料的烧成温度。例如，高温烧制某种釉料时，其外观光泽度极高。当将烧成温度降至 6 号测温锥的熔点温度后，其外观会转变为极佳的亚光效果。把你工作室内的高温釉料（烧成温度为 10 号测温锥的熔点温度）全部低温试烧一遍。需要注意的是，这项实验不适用于饮食类日用陶瓷产品。尽管经过低温烧制的釉面外观效果非常好，但却无法满足实用需求。假如是刻意烧制饮食类“低温”日用陶瓷产品，待作品烧成之后务必做下列测试：在釉面上划痕，以测试其持久性；在釉面上放置柠檬片 24 小时，以测试有毒物质析出性；将作品放入微波炉加热及放入冰箱降温，以测试其抗热震性（上述测试及其具体操作方法，请参见 152 页相关内容）。

凡 · 吉尔德（Van Guilder）研发的蓝色草木灰釉烧成温度范围介于 6 号测温锥的熔点温度与 10 号测温锥的熔点温度之间，烧成效果极佳。假如该釉料在 6 号测温锥的熔点温度下就已经开始流淌，那么其流动性在 10 号测温锥的熔点温度下会进一步加剧。因此，务必将该釉料的施釉范围控制在坯体的最顶部。必须在坯体底部放置垫板（参见 195 页相关配方）。以下两种陶艺材料的烧成温度范围极为宽广，甚至可以说令人难以置信：一种是美国艺术黏土有限公司出品的 LG10 型透明釉，其烧成温度范围介于 05 号测温锥的熔点温度与 10 号测温锥的熔点温度之间。另外一种是鱼露泥浆（参见 193 页相关配方），其烧成温度范围介于 04 号测温锥的熔点温度与 10 号测温锥的熔点温度之间。

钴蓝色盘子 加布里埃尔 · 克莱恩（Gabriel Kline），图片由史蒂夫 · 曼恩（Steve Mann）提供。

复合釉料的精心布局及认真烧窑，这两方面因素综合在一起令这只盘子呈现出绝佳的视觉效果。

清理

在各方面因素都充分考虑好的前提下，既能得到富有流动美感釉色的陶瓷作品，同时又能保持窑炉内部环境卫生。但即便如此，也可能会时不时遇到某些需要清理的状况。

对于那些流釉粘底的作品而言，可以通过打磨的方式将粘结在作品底部的釉渣清理干净。经过打磨后的作品底部可以完全恢复到光滑平整的状态。首先，借助带有金刚石钻头的琢美牌（Dremel）电磨机将坯体与垫板之间的釉料切断，将二者彻底分割开。其次，用琢美牌砂轮机或台式砂轮机将粘结在坯体底部的多余釉料打磨干净，或者更好的选择是定制一个金刚砂轮片。绝大多数玻璃吹塑用品商店内均出售金刚砂轮片，使用时可以用胶将其固定在拉坯机的转盘上。当把砂轮片和拉坯机组装使用时，二者便可化身为一台非常好用的打磨机。在打磨的过程中，时不时往砂轮片上浇一点水，既能降温，又可以提高打磨效率。此外，浇水还可以减轻扬尘。但即便如此，你也应当全程佩戴防尘口罩或防毒面具及护目镜。

可以借助金刚砂轮将粘结在坯体底部的多余釉料快速打磨干净。

带有金刚石钻头的琢美牌（Dremel）电磨机是清除釉料残渣的最佳工具。

建议先用100号金刚石砂轮片粗略打磨一遍，之后使用更细等级的砂纸或者金刚石打磨海绵仔细打磨。除多余的釉渣外，坯体底部轻微的曲翘也能用金刚石砂轮片打磨平整（经过打磨处理之后，在就餐的时候就再也感受不到那种令人不安的、讨厌的、“摇摇欲坠”的感觉了）。

当出窑后的陶瓷作品无法令人满意时，其实还有机会挽救。你可以重新施釉，以及/或者复烧。对于重新施釉而言，其挑战在于如何让新釉面粘结在已经烧好的釉层上。有些人会先将陶瓷作品放入窑炉中加热到66℃，之后再重新为其施釉。这样做的原因是：坯体的外表面具有一定热度，釉液中的水分接触坯体之后立刻被蒸发掉，新釉面可以快速地粘结在已经烧好的釉层上。

除此之外，在我看来更好的方法是使用一种名叫ATP增强剂的添加剂，这种添加剂在绝大多数陶瓷用品商店内均有销售。每28g釉液中仅需添加3～4滴ATP增强剂。在釉液中加入ATP增强剂后搅拌均匀，釉液几乎可以达到泡沫般的浓稠度，将此等浓稠度的釉液喷涂到坯体的外表面上，它会牢牢地附着在已经烧好的釉面上完全不流动（使用这种方法为作品二次施釉时无须加热坯体）。

通过复烧令作品重获新生的概率约占50%，但有些时候复烧会令作品的外观变得更加糟糕。对于那些已经被视作垃圾即将被扔掉的作品而言，复烧一下也不会造成更糟糕的结果，说不定可以化腐朽为神奇，令一件原本平庸无奇的作品变得熠熠生辉呢！只需在心中谨记一点——复烧是有风险的，这就足够了。

常见问题

即便是经验丰富的业内专家，也有可能遇到各种各样的问题；即便是已经将生产过程提炼成科学方法的瓷器工厂，也会生产出大量次品。对于陶艺家来讲，没有比开窑之后发现釉面上出现针眼、爆裂、开片、龟裂或者剥落等烧成问题更糟糕的事情了。值得庆幸的是，上述最常见问题的出现原因是完全可以避免的。

针眼 Ⓐ　针眼是指釉层中的细小气泡在降温过程中穿越釉层所形成的“排气通道”未闭合。除了外观不吸引人之外，针眼还可能具有危险性，因为其边缘很容易破损，且破损后的棱边极其锋利。针眼的形成原因通常是釉烧过程中有机物或无机物化为灰烬。将坯体素烧至04号测温锥的熔点温度，以尽可能多地烧掉有机物和无机物，这样可以有效避免出现针眼现象。倘若上述方法不奏效，可以往釉料配方内多添加一些熔块来改善。

Ⓐ

爆裂 Ⓑ 爆裂是指贯穿釉层和坯体的裂缝，作品的结构完整性遭到破坏。只要作品上出现一条贯穿釉层和坯体的裂缝，那么整件作品肯定是报废无疑了。爆裂的形成原因通常是石英转化期降温速度过快。下列方法可以避免出现爆裂现象：务必确保以极其缓慢的速度降温，特别是在石英转化阶段（573℃）；窑温处于 232℃左右时需格外关注，陶瓷材料在上述温度区间会出现最后一次收缩现象。

开片 Ⓒ 开片是指在烧窑的过程中，原本完整的釉面分裂开并形成一个个单独的区域，一眼望去，作品的外表面上就像布满了一片片独立的釉岛一样。开片的形成原因通常为釉层太厚（干透后的釉面上出现裂缝），或者在入窑烧制之前未完全干透。测试并找出釉料的正确比重数值，这样可以有效避免出现开片现象。假如坯体外表面上的釉层在入窑烧制之前就已经出现裂缝的话，建议将釉面清洗干净，让坯体干燥 24 小时之后再重新施釉。同理，在将重新施釉的作品放入窑炉中烧制之前，先让釉面干燥 24 小时，以便确保釉层中残留的水分已经彻底蒸发掉。需要注意的是，开片这种“问题”在有些时候看上去非常漂亮，因此有些釉料配方是为了开片效果而专门制定的，其中就包括凯西（Cassie）研发的“宝光釉”（参见 183 页相关配方）。

Ⓑ

龟裂Ⓓ　龟裂是指陶瓷作品经过烧成之后，釉面上出现横七竖八的裂纹。从把作品从窑炉中拿出来的那一瞬间开始，釉面开裂可能会持续数周甚至数月时间，我们将这种现象称为“持续开片”。釉面之所以会开裂，是因为坯体和釉料的膨胀率及收缩率不一致，釉面始终处于拉伸状态（釉料的收缩率大于坯体的收缩率）。开裂可以缓解釉面张力，其原理就像地震可以缓解地壳板块的张力一样。减少诸如苏打或膨胀率较高的熔块的使用量，或者在釉料配方中添加二氧化硅，从而令坯体和釉料的膨胀率趋于一致，通过上述方法可以有效避免釉面开片。

剥落：和开片不同，剥落是指釉面与坯体的外表面分离开来，釉层剥落处通常具有尖锐的棱边，徒手端拿作品时极易划伤手指。当坯体的收缩率大于釉料的收缩率时，釉层处于受力状态，这就是釉面剥落的原因。往釉料配方内添加 5% ~ 10% 的钠长石、霞石正长石或者费罗牌（Ferro）3110 号熔块，使坯体和釉料的膨胀率趋于一致，通过上述操作可以有效避免釉层剥落。除了上述几种添加剂之外，往釉料配方内添加锂辉石或碳酸锂之类的膨胀率较高的氧化物也是很不错的解决方法。

Ⓒ

测试持久性

如果你的主攻方向是饮食类日用陶瓷器皿，那么测试作品的持久性极其重要。有些持久性测试需要花钱到专业的实验室内完成，但有些测试在自己的家里或工作室里就能够完成，测试结果会显示你的作品是否符合饮食类日用陶瓷产品的安全要求。当你对作品烧成之后的视觉效果感到非常满意之后，就要进一步进行以下测试，以确保其能够满足不同使用场合的不同需求。

仅需通过配方就可以知道某些釉料是否适用于饮食类日用陶瓷器皿。当你看到某种釉料配方内含有大量着色剂（例如碳酸铜的含量超过 4%）时，或者某种釉料配方内二氧化硅及氧化铝的含量较低时，可以立刻得出结论——这类釉料不适用于饮食类日用陶瓷器皿。当釉面接触醋或咖啡之类的酸性物质时，釉层中的某些有毒物质可能会被析出，对使用者的身体健康造成危害。当你对某种釉料的安全性心存疑虑时，先做以下测试。当测试结果不明确或者显然存在重大问题时，可以委托专业的实验室再次检测。

冷冻测试：将陶瓷坯体放入冰箱中冷冻一夜。次日早上，先将烤箱预热到 177℃，然后将冰冷的坯体从冰箱内拿出来后立刻放入烤箱内烘烤半个小时。之所以做这样的测试，是因为饮食类日用陶瓷器皿必须具备应对此等状况的性能。在作品从冷到热过渡的过程中，如果坯体炸裂或釉面上出现裂痕，则说明该作品所用的黏土或釉料并不适用于制作饮食类日用陶瓷器皿，必须更换黏土或釉料才行。当作品顺利通过测试的时候，就证明该件作品未来的使用者无须顾虑冷热因素，可以放心大胆地使用它。

划痕测试：从钥匙环上取下一把钥匙，在局部釉面上来回划动。如果划痕无法用手指轻轻打磨去除，那么随着时间的推移，划痕处的色泽会逐步变暗，在银器的外表面上做划痕测试时也会出现类似现象。尽管划痕不一定会影响到作品的实用性，如果向在酒吧等地工作的朋友们请教，他们也完全可以给你推荐一些能够消除划痕的产品，但是就陶艺专业角度而言，可以通过加大釉料配方内二氧化硅，以及 / 或者熔块添加量的方式来提高釉料的玻化程度，从而有效避免出现划痕现象。

柠檬测试：在水平釉面上挤一些柠檬汁，静置一夜。次日，先将釉面上的柠檬汁擦去，然后将整个釉面清洗干净。如果釉面的颜色发生变化，则说明柠檬酸可以将釉层中的某些物质析出。如果用这种釉料装饰咖啡杯之类的饮食类日用陶瓷器皿，那么咖啡中的酸性物质也会将釉层中的某些物质析出，导致咖啡溶液中含有有害物质。当某种釉料无法通过此项测试时，就不要用它装饰饮食类日用陶瓷器皿。需要注意的是，如果某种釉料通过了这项测试，这并不一定意味着该种釉料中完全没有任何物质析出，只能表明其析出程度没有特别严重而已。对某种釉料的安全性能心存疑虑时，最好只用它装饰作品的外表面，对于那些直接接触饮料和食物的部位，则只用绝对安全且稳定的釉料来装饰。

划痕测试是检测银器之类的日用品是否会在外力影响下发生色变的最佳测试方式。

微波测试：除了上述种种测试之外，还应当对陶瓷器皿做微波测试，因为很多杯子、碗及盘子在日常使用的过程中难免都要进行微波加热。先在陶瓷器皿内灌满水，然后将其放入微波炉内加热1分钟。假如坯体未完全玻化，那么在微波过程中，水分会深入坯体，导致坯体的外表面异常灼热。渗入坯体内的水分膨胀之后转变为水蒸气，水蒸气会破坏坯体与釉层之间的结合性，导致釉层剥落。当坯体与釉层的膨胀率不匹配时，往器皿内部倒开水就会引发热震反应，通常表现为器皿内壁上的釉面没有任何变化，而位于其外壁的釉面则会出现裂痕。除了上述种种情况之外，还需注意包括光泽彩和金属釉在内的某些釉料，它们会在微波的过程中迸射出火花，在出售或赠送时应当附上提示性标签。

恭喜你！到此刻为此，你已经成功走完了整个釉料之旅。希望你心中那些关于釉料的谜团已经被揭开，认识上的误区已经被驱散。作为精通釉料知识的行家，现在的你可以调配出恰到好处的釉液，并将其巧妙、精确地应用到你的作品上。你知道借助何种烧成方式才能使其呈现出最佳的外观效果，知道借助何种检测方法测试烧成后的样本，了解它是否适用于饮食类日用陶瓷器皿。有了这些知识，你足以在世界上任何一间陶艺工作室内胸有成竹地自由创作。或许下一章中介绍的各种釉料配方对于你而言将是犹如探险般的新征程，但毋庸置疑的是，你将从中领略到无限可能性。在这里，我衷心地祝福你旅途愉快，欣赏到更多美好的风景，发掘出更多令你惊叹的宝藏！

佳作赏析

柴烧蓓蕾形花瓶 迈卡·坦豪泽（Micah Thanhauser），图片由艺术家本人提供。

花瓶外表面上的颜色由草木灰沉积而成，同时黏土本身的质感及肌理也为作品增添了一份美感。

黄铜釉色花瓶 约翰·布里特（John Britt），图片由艺术家本人提供。

这只瓶子外表面上的釉色与黄铜的色调极为相似。

甜瓜形水罐 史蒂文·希尔（Steven Hill），图片由艺术家本人提供。

艺术家在这只水罐的外表面上至少喷涂了五种不同的釉料。这些釉料相互反应，呈现出多种颜色组合，其中也包括罐身中部那抹犹如薰衣草般的色调。

水罐 贾斯汀·罗申克（Justin Rothshank），图片由艺术家本人提供。

盐和苏打使这只水罐的釉色愈发生动。

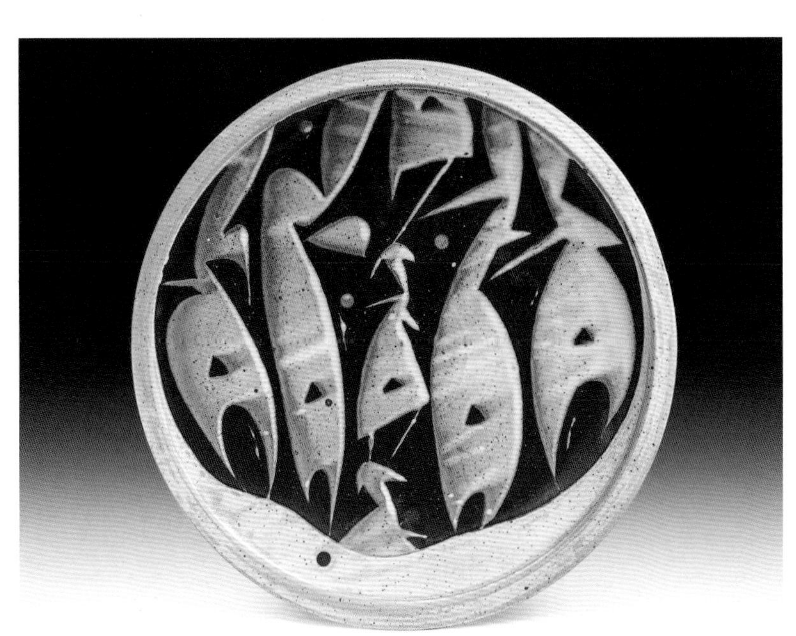

舞蹈纹饰盘子 尼克·乔林（Nick Joerling），图片由艺术家本人提供。

艺术家通过精湛的液态蜡除釉技法在盘子的外表面上创造出一组宛若舞者般的生动纹饰。

云纹喇叭形花瓶 山姆·春（Sam Chung），图片由艺术家本人提供。

谨慎烧制使这只形状独特的花瓶拥有完美的白色釉面。

水罐 德博拉·施瓦茨科普夫（Deborah Schwartzkopf），图片由艺术家本人提供。

青瓷釉面上的红点纹饰犹如这只鸟形水壶后背上的羽毛。

熊的思考

泰勒·罗伯纳特（Taylor Robenalt），图片由艺术家本人提供。

金色光泽彩和黑色釉下彩为这件瓷泥作品增添了深度和光泽。

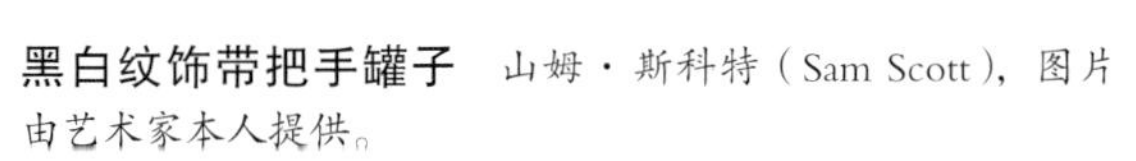

黑白纹饰带把手罐子 山姆·斯科特（Sam Scott），图片由艺术家本人提供。

山姆的设计能力无可挑剔。黑色釉滴与白色背景交相呼应，令作品呈现出极其安静的气质。

花瓶 比尔·坎贝尔（Bill Campbell），图片由艺术家本人提供。

罐耳上的釉色、瓶身上的琥珀色釉及巨大的结晶形成鲜明的对比，一眼望去晶花就仿佛漂浮在花瓶的顶部一般。

茶壶 阿德里安·桑德斯特罗姆（Adrian Sandstrom），图片由艺术家本人提供。

泥浆、釉下彩、釉料及光泽彩相互交织在一起，共同组建成这只茶壶的迷人的外表面。艺术家通过将上述设计元素分层组合，营造出一种奇妙的视觉深度。

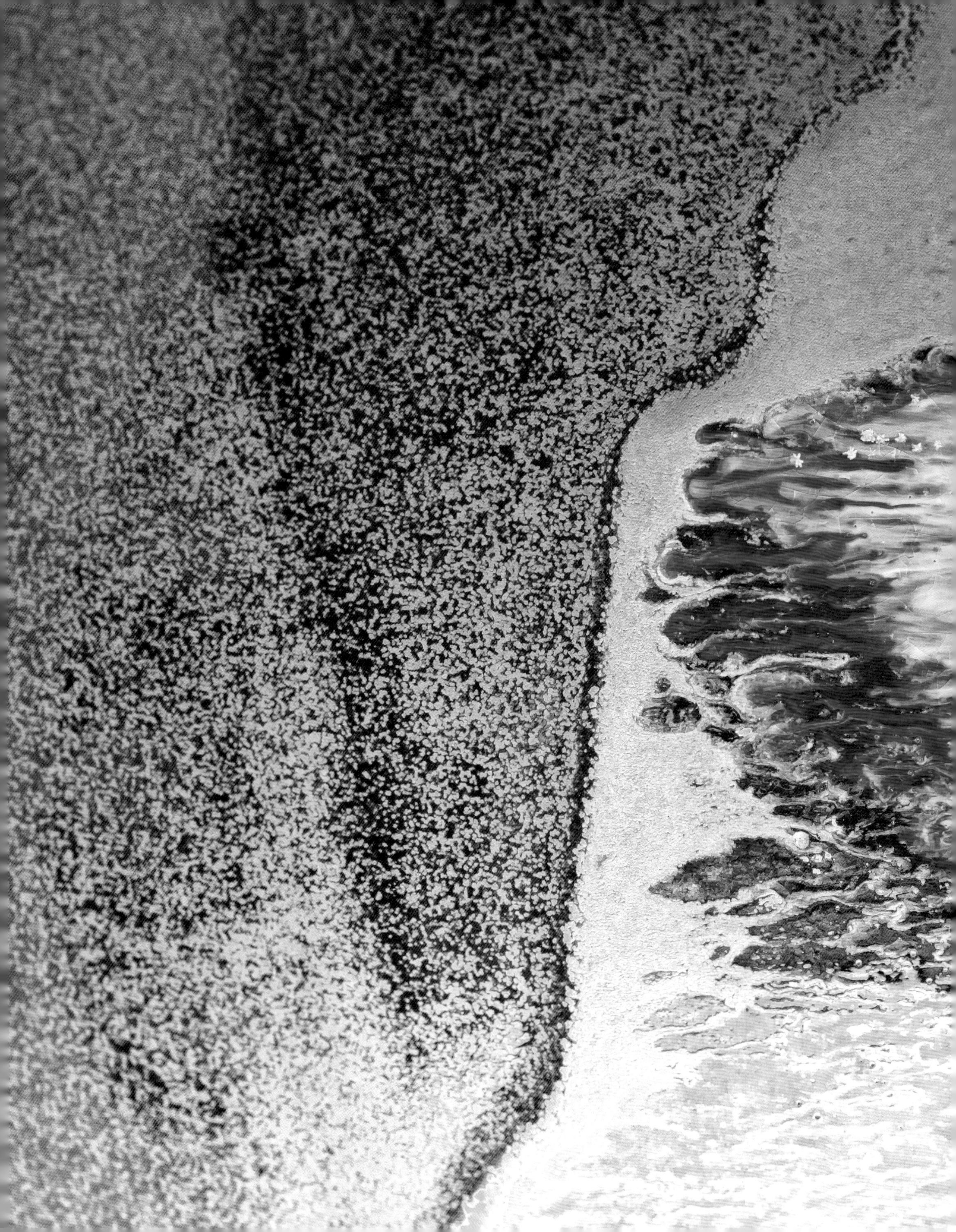

第六章

釉料配方

经过多年创作及教学实践，奥德赛陶艺学校的釉料“厨房”里已经建立起一个系统化的釉料、泥浆和色剂资料库。釉料配方的来源渠道多种多样——教师、驻场艺术家及学生都在这里留下了他们的学习印迹。许多公共陶艺工作室在试用了这些釉料配方之后，发现其中很多种极具推广价值，烧成效果极为稳定。有些釉料配方是从古旧的文献资料中查阅到的，还有些釉料配方是通过实验及重新调整旧配方而获得的。

无论来源于何处，这些釉料配方都代表着一段鲜活的历史，它们是从数十间陶艺工作室、数百次烧窑及无数次试验中精心挑选出来的。对于那些研发釉料的学生，学校会给予学分奖励。

这些釉料配方可以呈现出数千种颜色及肌理组合形式。在调配釉液的过程中，我建议你谨慎操作，注意比重值（除非特殊情况或另有说明，其常规数值应为 1.45g/ml），务必做好详细记录。

祝釉料之旅愉快顺利！

注释

- 试片用釉的调配剂量极小，当工作室的天平无法将配方中各类原料的添加量精确缩减到原有数值的十分之一或百分之一时，可以将原有数值的百分比四舍五入，取与原有数值最接近的整数。
- 用于过滤二氧化硅的滤网有很多种。除非特殊情况或另有说明，最常使用的滤网目数应为 325 目。
- 可以用拉古纳牌（Laguna）硼酸盐或希列斯彼牌（Gillespie）硼酸盐替代泽斯特利牌（Gerstley）硼酸盐。
- 测试烧成温度为 10 号及 6 号测温锥熔点温度的釉料时，与其搭配的试片坯料为高水黏土公司生产的海洛斯瓷泥。测试低温釉料时，与其搭配的试片坯料为高水黏土公司生产的白色陶泥。使用不同的坯料做实验时，釉料的烧成效果就会有所区别（参见 71 页相关内容）。

高温釉料

琥珀青瓷釉

测温锥：9 号 ~ 10 号
烧成气氛：还原气氛
外观：光滑
颜色：琥珀色，蜂蜜色，棕色

成分	含量
艾伯塔牌（Alberta）泥浆	35.87%
钙长石	21.74%
二氧化硅	14.13%
硅灰石	14.13%
碳酸钙	7.61%
EPK 高岭土	3.26%
泽斯特利牌（Gerstley）硼酸盐	3.26%
总计	100.00%

添加剂

赭黄色陶瓷色剂	8.70%

青瓷釉

测温锥： 9 号 ~ 10 号
烧成气氛： 还原气氛
外观： 光滑
颜色： 半透明浅蓝色

成分	含量
二氧化硅	30.70%
G-200 长石	29.83%
硅灰石	23.68%
格罗莱戈牌（Grolleg）高岭土	13.16%
滑石	2.63%
总计	100.00%

添加剂	
红色氧化铁	0.44%
爱普生盐	0.25%

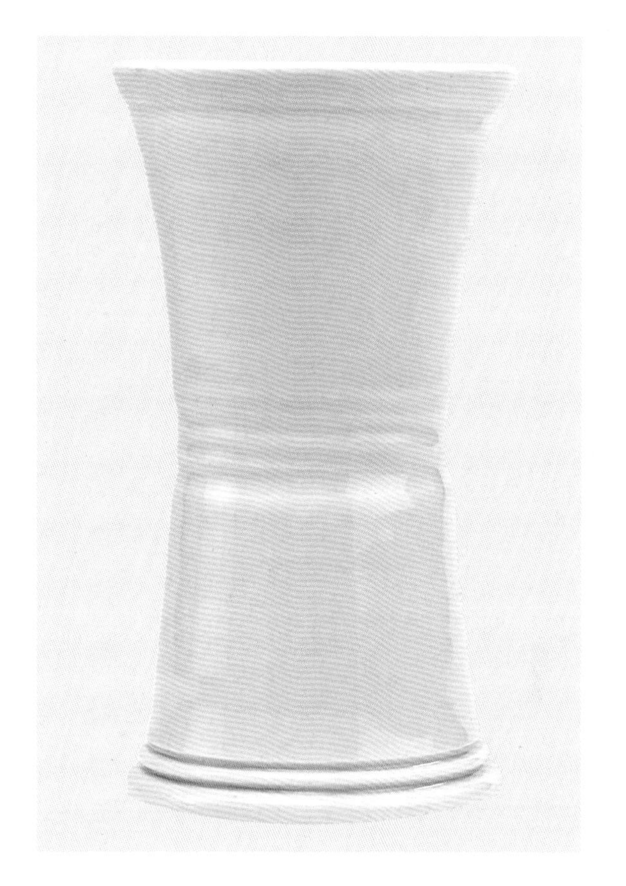

贝卡·弗洛伊德（Becca Floyd）研发的透明釉

测温锥： 10 号
烧成气氛： 还原气氛 / 氧化气氛
外观： 光滑
颜色： 透明

成分	含量
二氧化硅	32.68%
卡斯特牌（Custer）长石	27.72%
EPK 高岭土	19.80%
碳酸钙	19.80%
总计	100.00%

说明： 釉料配方由艺术家本人提供。

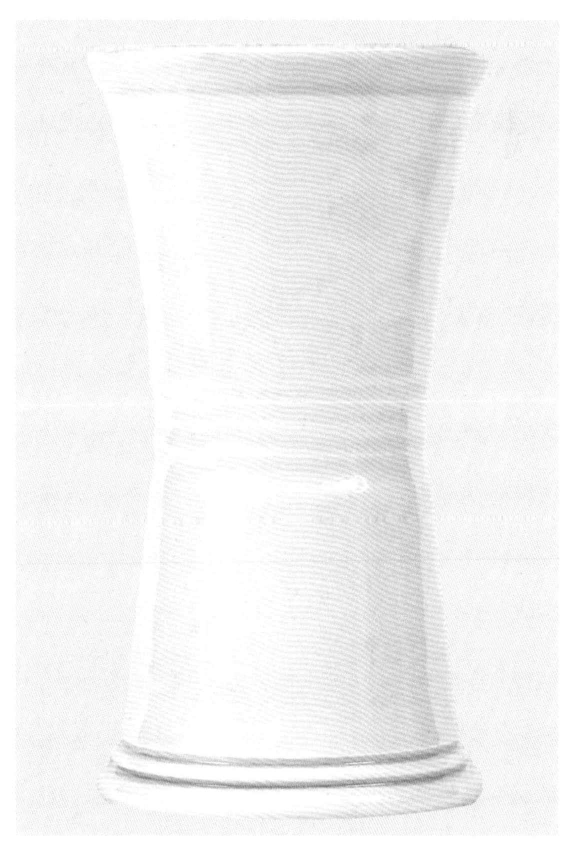

酪乳釉

测温锥： 9 号 ~ 10 号
烧成气氛： 还原气氛 / 氧化气氛
外观： 光滑
颜色： 乳浊灰白色

成分	含量
透明填充料（Minspar）	45.99%
泽斯特利牌（Gerstley）硼酸盐	25.26%
OM-4 型球土	15.69%
二氧化硅	7.69%
白云石	5.37%
总计	100.00%

添加剂	
硅酸锆	7.69%

拜伦寺缎面亚光釉

测温锥： 10 号
烧成气氛： 还原气氛 / 氧化气氛
外观： 缎面亚光
颜色： 带有斑点的绿色

成分	含量
钙长石	47.57%
康沃尔石	17.48%
碳酸钙	17.48%
OM-4 型球土	8.74%
EPK 高岭土	5.83%
氧化锌	2.90%
总计	100.00%

添加剂	
红色氧化铁	5.83%
浅金红石	3.89%

大幡卡其釉

测温锥：10 号
烧成气氛：还原气氛
外观：半亚光
颜色：棕红色

成分	含量
卡斯特牌（Custer）长石	51.53%
二氧化硅	16.98%
骨灰	10.54%
EPK 高岭土	6.67%
滑石	6.67%
碳酸钙	7.61%
总计	100.00%

添加剂	
红色氧化铁	11.36%
膨润土	1.46%

瓦尔·库欣（Val Cushing）研发的黑色缎面亚光釉

测温锥：10 号
烧成气氛：还原气氛 / 氧化气氛
外观：半亚光
颜色：就有金属质感的黑色

成分	含量
透明填充料（Minspar）	20.00%
康沃尔石	20.00%
二氧化硅	20.00%
白云石	15.00%
滑石	13.00%
OM-4 型球土	10.00%
碳酸钙	2.00%
总计	100.00%

添加剂	
红色氧化铁	3.00%
二氧化锰	2.00%
氧化钴	3.00%
氧化铬	1.00%

说明：釉料配方由艺术家本人提供。

依帕内玛绿色釉

测温锥：10 号

烧成气氛：还原气氛 / 盐烧 / 苏打烧

外观：半亚光

颜色：带有斑点的绿色

成分	含量
G-200 型长石	47.00%
碳酸钙	23.00%
白云石	14.00%
二氧化硅	11.00%
骨灰	3.50%
总计	100.00%

添加剂：

红色氧化铁	4.00%
碳酸铜	2.79%
膨润土	2.00%

韩国青瓷釉

测温锥：9 号 ~ 10 号

烧成气氛：还原气氛 / 氧化气氛

外观：光滑

颜色：半透明琥珀绿色

成分	含量
卡斯特牌（Custer）长石	25.85%
碳酸钙	25.85%
OM-4 型球土	20.69%
二氧化硅	20.69%
EPK 高岭土	6.72%
骨灰	0.20%
总计	100.00%

添加剂：

赭石黄色着色剂	2.07%
红色氧化铁	1.55%

果汁釉

测温锥：10 号

烧成气氛：氧化气氛 / 还原气氛

外观：结晶亚光

颜色：灰白色

成分	含量
卡斯特牌（Custer）长石	46.24%
碳酸钙	17.34%
#6 泰尔型高岭土（#6 Tile）	13.88%
碳酸锶	12.72%
泽斯特利牌（Gerstley）硼酸盐	4.62%
碳酸锂	4.62%
氧化锌	0.58%
总计	100.00%
添加剂	
二氧化钛	17.34%
膨润土	2.31%

说明：釉料配方由汉克·古德曼（Hank Goodman）提供，研发灵感来自史蒂文·希尔（Steven Hill）。这种釉料单独使用时烧成效果并不十分引人注目，但与其他釉料分层喷涂时能呈现出极佳的外观。

牛血红釉

测温锥：10 号

烧成气氛：还原气氛

外观：光滑

颜色：红色

成分	含量
卡斯特牌（Custer）长石	62.00%
费罗牌（Ferro）3134 号熔块	22.00%
碳酸钙	10.00%
EPK 高岭土	4.00%
二氧化硅	2.00%
总计	100.00%
添加剂	
二氧化锡	2.00%
碳酸铜	1.00%
膨润土	2.00%

说明：釉料配方由弗兰克·博斯科（Frank Bosco）提供。由于还原气氛过于强烈，红色釉面上出现了斑点。但还原强度如果再轻一些的话，整个釉面就会呈现出更加靓丽的鲜红色。

安雅·巴特尔斯（Anja Bartels）研发的丝光透明釉

测温锥：7号~10号
烧成气氛：氧化气氛/还原气氛
外观：亚光
颜色：透明

成分	含量
EPK高岭土	37.63%
硅灰石	29.03%
费罗牌（Ferro）3124号熔块	27.96%
二氧化硅	5.38%
总计	100.00%

说明：釉液宜稀不宜稠，比重数值为1.25。釉料配方由艺术家本人提供。

琳达·麦克法林（Linda McFarling）研发的圣约翰黑色釉

测温锥：10号
烧成气氛：还原气氛/氧化气氛
外观：半亚光
颜色：黑色

成分	含量
艾伯塔牌（Alberta）泥浆	75.00%
霞石正长石	25.00%
总计	100.00%

添加剂	
碳酸钴	5.00%
二氧化锰	2.00%
膨润土	2.00%
红色氧化铁	1.00%
氧化铬	0.25%

说明：釉料配方由艺术家本人提供。用毛笔涂釉时，釉液宜稠不宜稀，比重数值为1.80。

施魏格尔绿松石色釉

测温锥： 10号
烧成气氛： 还原气氛 / 盐烧 / 苏打烧
外观： 光滑
颜色： 绿松石色

成分	含量
二氧化硅	35.10%
钙长石	28.50%
碳酸钙	17.90%
碳酸锶	9.40%
滑石	4.00%
EPK 高岭土	3.20%
骨灰	1.90%
总计	100.00%

添加剂

碳酸铜	3.00%
膨润土	2.00%

红艺黏土（Redart）志野釉

测温锥： 9号～10号
烧成气氛： 还原气氛
外观： 乳浊
颜色： 从浅黄色到橙红色等一系列颜色

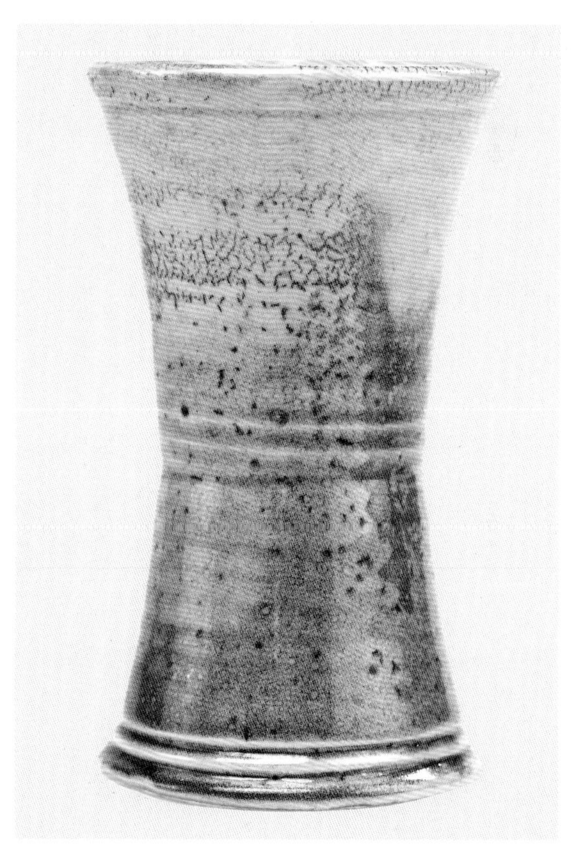

成分	含量
霞石正长石	62.00%
OM-4 型球土	17.00%
红艺黏土（Redart）	9.00%
EPK 高岭土	4.00%
纯碱	4.00%
锂辉石	4.00%
总计	100.00%

说明： 最后混合纯碱。当把这种釉料作为底釉使用时，无论上面罩着多少层釉料，其烧成效果都相当出众。但若将其作为面釉使用的话，其烧成效果则很难令人满意。

杜·赖茨（Don Reitz）研发的绿色釉

测温锥：10号
烧成气氛：还原气氛
外观：半亚光
颜色：绿色/黑色

成分	含量
霞石正长石	70.00%
锂辉石	15.00%
OM-4型球土	8.00%
碳酸钙	5.00%
泽斯特利牌（Gerstley）硼酸盐	2.00%
总计	100.00%

添加剂	
碳酸钴	1.00%
浅金红石	2.00%

说明：釉层厚度不易过厚。当釉层较薄时，烧成后呈黑色。当釉层适中时，烧成后呈绿色。当喷好的釉面上出现气泡时需将其擦掉，这样做可以有效预防出现针眼现象。釉料配方由艺术家本人提供。

天目釉

测温锥：9号~10号
烧成气氛：还原气氛/氧化气氛
外观：半亚光
颜色：黑色/棕色

成分	含量
卡斯特牌（Custer）长石	45.00%
二氧化硅	27.00%
碳酸钙	17.00%
EPK高岭土	11.00%
总计	100.00%

添加剂	
红色氧化铁	10.00%

蓝色织部釉

测温锥： 9 号 ~ 10 号
烧成气氛： 还原气氛
外观： 光滑
颜色： 半乳浊蓝色

成分	含量
钙长石	30.91%
二氧化硅	25.32%
碳酸钙	22.36%
EPK 高岭土	12.55%
滑石	7.81%
骨灰	1.05%
总计	100.00%

添加剂	
碳酸铜	7.00%
碳酸钴	2.00%

沃茨（Wertz）吸碳志野釉

测温锥： 9 号 ~ 10 号
烧成气氛： 还原气氛
外观： 半亚光
颜色： 从白色到红色等一系列颜色

成分	含量
霞石正长石	50.00%
OM−4 型球土	17.00%
透明填充料（Minspar）	15.00%
锂辉石	12.00%
EPK 高岭土	3.00%
纯碱	3.00%
总计	100.00%

添加剂	
膨润土	2.00%

说明： 采用强还原气氛烧制这种釉料时可以吸附大量碳元素，但如图所示，采用弱还原气氛烧制时亦能呈现出十分清爽的志野釉风貌。

黄盐釉

测温锥： 10 号～11 号

烧成气氛： 还原气氛 / 盐烧 / 苏打烧

外观： 从光滑到亚光等一系列效果

颜色： 乳浊浅黄色

成分	含量
霞石正长石	71.36%
白云石	23.78%
OM-4 型球土	4.86%
总计	100.00%
添加剂	
硅酸锆	18.03%
红铁氧化铁	1.13%
膨润土	4.50%
爱普生盐（溶于水）	0.18%

说明： 釉料配方由东肯塔基大学的乔·莫利纳罗（Joe Molinaro）提供。用于装饰炻器坯料的作品时，烧成效果极佳。釉层不厚且用还原气氛烧成时（不加盐），可以生成美丽的亚光黄色，釉层较厚时其光泽度也会随之提高！

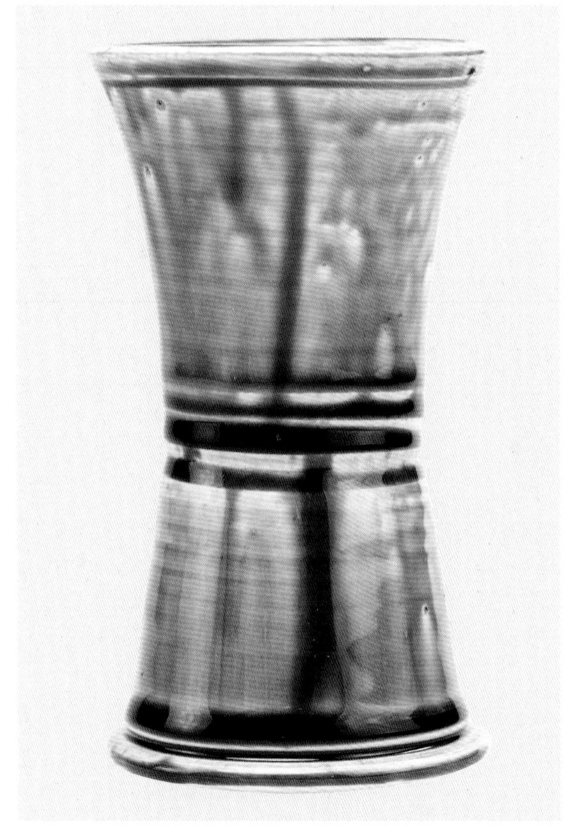

凡·吉尔德（Van Guilder）研发的蓝色草木灰釉

测温锥： 6 号～10 号

烧成气氛： 氧化气氛 / 还原气氛

外观： 灰流

颜色： 灰色 / 蓝色

成分	含量
碳酸钙	31.00%
田纳西 10# 球土	24.00%
二氧化硅	22.50%
未经洗涤的草木灰	15.00%
卡斯特牌（Custer）长石	5.00%
白云石	2.50%
总计	100.00%
添加剂	
浅金红石	4.00%
红色氧化铁	0.75%
碳酸钴	0.50%

说明： 由于草木灰釉具有易流动、易沉积的特点，所以用这种釉料装饰的作品通常都会呈现上述特征。图中试片的烧成温度为 6 号测温锥的熔点温度。

紫色西梅釉

测温锥：9 号 ~ 10 号
烧成气氛：还原气氛
外观：半亚光
颜色：深紫色

成分	含量
卡斯特牌（Custer）长石	37.20%
霞石正长石	28.00%
费罗牌（Ferro）3134 号熔块	13.20%
碳酸钙	8.00%
锂辉石	6.00%
OM-4 型球土	3.20%
EPK 高岭土	2.40%
二氧化硅	1.20%
泽斯特利牌（Gerstley）硼酸盐	0.80%
总计	100.00%

添加剂	
膨润土	1.20%
氧化锡	1.20%
浅金红石	0.80%
碳酸铜	0.60%
碳酸钴	0.40%

罗杰（Roger）研发的绿色釉

测温锥：9 号 ~ 10 号
烧成气氛：还原气氛
外观：半亚光
颜色：深绿色

成分	含量
G-200 型长石	22.73%
碳酸钙	22.73%
#6 泰尔型高岭土（#6 Tile）	22.73%
二氧化硅	22.73%
碳酸锶	9.08%
总计	100.00%

添加剂	
碳酸铜	9.08%
膨润土	1.81%

中温釉料

安雅·巴特尔斯（Anja Bartels）研发的基韦斯特蓝色釉

测温锥：6 号
烧成气氛：氧化气氛
外观：光滑
颜色：带有斑点的绿松石色

成分	含量
二氧化硅	28.86%
透明填充料（Minspar）	18.31%
氧化锌	11.94%
卡斯特牌（Custer）长石	10.45%
泽斯特利牌（Gerstley）硼酸盐	10.25%
碳酸钙	6.57%
霞石正长石	4.98%
EPK 高岭土	4.18%
白云石	2.88%
硅灰石	1.58%
总计	100.00%

添加剂

碳酸铜	2.48%
膨润土	0.60%

说明：釉料配方由艺术家本人提供。

艾伯塔（Alberta）黄色釉

测温锥：5 号 ~ 6 号
烧成气氛：氧化气氛
外观：光滑 / 有光泽
颜色：半透明棕黄色

成分	含量
艾伯塔牌（Alberta）泥浆	35.10%
二氧化硅	23.43%
霞石正长石	21.86%
泽斯特利牌（Gerstley）硼酸盐	17.65%
纯碱	1.96%
总计	100.00%

碎青瓷釉

测温锥： 5号~6号
烧成气氛： 氧化气氛
外观： 半亚光
颜色： 蓝色 / 绿色

成分	含量
泽斯特利牌（Gerstley）硼酸盐	50.00%
二氧化硅	32.50%
格罗莱戈牌（Grolleg）高岭土	17.50%
总计	100.00%

添加剂	
碳酸铜	4.00%
浅金红石	6.00%

春青瓷釉

测温锥： 5号~6号
烧成气氛： 氧化气氛
外观： 光滑
颜色： 半透明蓝绿色

成分	含量
二氧化硅	30.00%
透明填充料（Minspar）	38.00%
碳酸钙	14.00%
氧化锌	12.00%
OM-4型球土	6.00%
总计	100.00%

添加剂	
碳酸铜	2.25%
膨润土	1.00%

说明： 釉料配方由利亚·莱特森（Leah Leitson）提供。这种釉料无论是单独使用还是与其他釉料搭配使用，烧成效果都很好。最佳釉液比重为1.55。

肥猫红釉

测温锥：6 号
烧成气氛：氧化气氛
外观：光滑
颜色：红色

成分	含量
卡斯特牌（Custer）长石	31.00%
二氧化硅	18.00%
碳酸钙	21.00%
EPK 高岭土	9.00%
费罗牌（Ferro）3134 号熔块	9.00%
泽斯特利牌（Gerstley）硼酸盐	8.00%
滑石	4.00%
总计	100.00%

添加剂	
氧化锡	5.00%
氧化铬	0.20%

科万（Cowan）琥珀色釉

测温锥：6 号
烧成气氛：氧化气氛
外观：光滑
颜色：琥珀色

成分	含量
卡斯特牌（Custer）长石	44.00%
碳酸钙	17.70%
二氧化硅	12.80%
红艺黏土（Redart）	11.10%
OM-4 型球土	6.10%
滑石	3.80%
泽斯特利牌（Gerstley）硼酸盐	2.50%
骨灰	2.00%
总计	100.00%

添加剂	
红色氧化铁	4.10%

流动蓝色釉

测温锥：6号

烧成气氛：氧化气氛

外观：光滑

颜色：蓝色/棕色

成分	含量
霞石正长石	47.30%
泽斯特利牌（Gerstley）硼酸盐	27.00%
二氧化硅	20.30%
EPK高岭土	5.40%
总计	100.00%

添加剂	
浅金红石	3.00%
碳酸钴	1.50%
红色氧化铁	2.00%

说明：这种釉料与其他烧成温度为6号测温锥熔点温度的釉料搭配使用时，烧成效果极佳。

奥德赛透明釉

测温锥：6号

烧成气氛：氧化气氛

外观：光滑

颜色：透明

成分	含量
二氧化硅	30.00%
霞石正长石	30.00%
泽斯特利牌（Gerstley）硼酸盐	20.00%
EPK高岭土	10.00%
硅灰石	10.00%
总计	100.00%

说明：最佳釉液比重数值为1.35。釉料配方由尼克·莫恩（Nick Moen）提供。

奥德赛白色亮光釉

测温锥：6 号
烧成气氛：氧化气氛 / 还原气氛
外观：光滑
颜色：白色

成分	含量
二氧化硅	30.00%
霞石正长石	30.00%
泽斯特利牌（Gerstley）硼酸盐	20.00%
EPK 高岭土	10.00%
硅灰石	10.00%
总计	100.00%

添加剂	
硅酸锆	6.00%

说明：这种釉料是往奥德赛透明釉配方内添加了硅酸锆，目的是使其呈现出白色及乳浊的效果。这种釉料与其他釉料搭配使用时，烧成效果极佳。釉料配方由尼克·莫恩（Nick Moen）提供。

吉纳维芙·范·赞特（Genevieve Van Zandt）研发的缎面亚光釉

测温锥：6 号
烧成气氛：氧化气氛
外观：半亚光 / 结晶
颜色：灰白色中夹杂着粉红色斑点

成分	含量
卡斯特牌（Custer）长石	34.90%
氧化锌	25.80%
二氧化硅	22.60%
碳酸钙	12.60%
EPK 高岭土	4.10%
总计	100.00%

添加剂	
膨润土	2.00%
浅金红石	6.50%

说明：缓慢降温时呈半亚光状，快速降温时会生成结晶。釉料配方由艺术家本人提供。

木炭缎面釉

测温锥：6 号
烧成气氛：氧化气氛
外观：半亚光
颜色：灰黑色

成分	含量
EPK 高岭土	31.70%
费罗牌（Ferro）3124 号熔块	31.00%
硅灰石	23.20%
二氧化硅	14.10%
总计	100.00%

添加剂	
马森牌（Mason）6650 号着色剂	10.00%
深金红石	6.00%

皮特·平奈尔（Pete Pinnell）研发的青苔绿色釉

测温锥：5 号 ~ 10 号
烧成气氛：氧化气氛
外观：缎面效果
颜色：绿色 / 不透明

成分	含量
霞石正长石	60.00%
碳酸锶	20.00%
OM-4 型球土	10.00%
二氧化硅	9.00%
碳酸钾	1.00%
总计	100.00%

添加剂	
碳酸铜	5.00%
二氧化钛	5.00%

说明：釉料配方由艺术家本人提供。亦被称为平奈尔锶亚光釉或者风化青铜釉。

OL蓝色釉（带有斑点的亚光蓝色）

测温锥：6号

烧成气氛：氧化气氛

外观：光滑

颜色：蓝色

成分	含量
EPK高岭土	30.00%
硅灰石	29.00%
费罗牌（Ferro）3195号熔块	20.00%
二氧化硅	17.00%
霞石正长石	4.00%
总计	100.00%

添加剂	
浅金红石	3.00%
碳酸铜	3.00%
碳酸钴	1.50%

说明：釉料配方由约翰·赫斯尔博斯（John Hesselberth）和罗恩·罗伊（Ron Roy）提供。

紫色釉

测温锥：6号

烧成气氛：氧化气氛

外观：亚光/半亚光/缎面效果

颜色：紫色

成分	含量
二氧化硅	32.78%
卡斯特牌（Custer）长石	27.07%
霞石正长石	14.39%
碳酸钙	12.05%
泽斯特利牌（Gerstley）硼酸盐	8.44%
碳酸锂	3.65%
碳酸镁	1.63%
总计	100.00%

添加剂	
氧化锡	4.88%
膨润土	1.63%
碳酸钴	0.61%
氧化铬	0.17%

兰迪（Randy）研发的红色釉

测温锥： 6号
烧成气氛： 氧化气氛
外观： 半亚光
颜色： 棕色/红色

成分	含量
泽斯特利牌（Gerstley）硼酸盐	32.00%
二氧化硅	30.00%
透明填充料（Minspar）	20.00%
滑石	14.00%
EPK 高岭土	4.00%
总计	100.00%

添加剂	
红色氧化铁	15.00%

说明： 烧成速度较慢时可以呈现出包括棕红色斑点在内的很多种烧成效果。如图所示，烧成速度较快时可以生成深红色或深棕色。

丝光黑色釉

测温锥： 6号
烧成气氛： 氧化气氛
外观： 半亚光
颜色： 黑色

成分	含量
霞石正长石	33.11%
透明填充料（Minspar）	16.79%
EPK 高岭土	12.57%
二氧化硅	7.97%
泽斯特利牌（Gerstley）硼酸盐	7.50%
碳酸钙	7.13%
氧化锌	6.19%
滑石	5.45%
白云石	3.29%
总计	100.00%

添加剂	
黑色氧化铜	5.63%
红色氧化铁	5.63%
氧化钴	1.88%

约翰·布里特（John Britt）研发的芥末黄色亚光釉

测温锥： 6号
烧成气氛： 氧化气氛
外观： 亚光
颜色： 黄色

成分	含量
卡斯特牌（Custer）长石	48.10%
费罗牌（Ferro）3134号熔块	12.70%
白云石	24.00%
EPK高岭土	10.40%
碳酸钙	4.80%
总计	100.00%

添加剂	
二氧化钛	10.00%
氧化镍	2.20%
膨润土	2.00%

说明： 釉料配方由艺术家本人提供。

薄荷绿釉

测温锥： 5号～6号
烧成气氛： 氧化气氛
外观： 半缎面效果
颜色： 绿色

成分	含量
硅灰石	28.00%
EPK高岭土	28.00%
费罗牌（Ferro）3195号熔块	23.00%
二氧化硅	17.00%
霞石正长石	4.00%
总计	100.00%

添加剂	
浅金红石	6.00%
碳酸铜	4.00%

说明： 釉料配方由罗恩·罗伊（Ron Roy）和约翰·赫斯尔博斯（John Hesselberth）提供。

锶水晶魔法釉

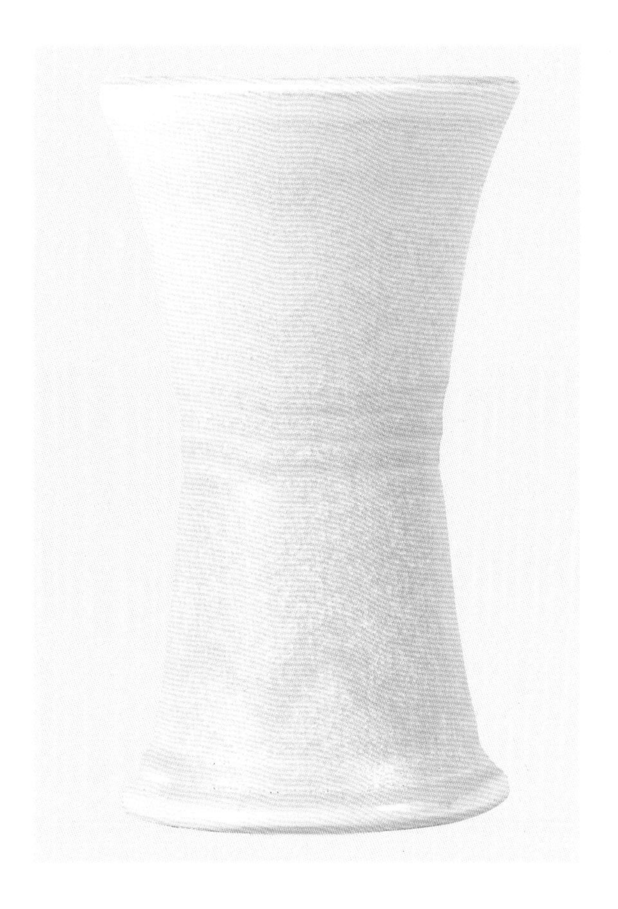

测温锥：6号

烧成气氛：氧化气氛

外观：亚光结晶

颜色：灰白色

成分	含量
卡斯特牌（Custer）长石	46.00%
碳酸钙	17.20%
#6泰尔型高岭土（#6 Tile）	14.90%
碳酸锶	12.70%
碳酸锂	4.60%
费罗牌（Ferro）3124号熔块	4.60%
总计	100.00%
添加剂	
二氧化钛	12.00%
膨润土	2.00%

说明：釉料配方由史蒂文·希尔（Steven Hill）提供。这种釉料只能作为面釉使用，与其他釉料搭配使用时，会在釉面上生成白色结晶。由于这种釉料的流动性特别大，因此只能喷涂在作品顶部1/3以上的部位；此外，为了防止出现流釉粘板的现象，作品底部还需使用垫片。

斯蒂芬研发的锶釉

测温锥：5号～6号

烧成气氛：氧化气氛

外观：犹如蜡质般的缎面亚光效果

颜色：水绿色，釉层较厚时呈黑色

成分	含量
霞石正长石	57.30%
碳酸锶	27.08%
碳酸锂	2.08%
二氧化硅	7.29%
EPK高岭土	6.25%
总计	100.00%
添加剂	
碳酸铜（参见说明）	4.00%～10.00%
爱普生盐	0.25%

说明：当碳酸铜的添加量为釉料配方总量的10%时，会生成乌黑色；当碳酸铜的添加量为釉料配方总量的4%时（如图所示），会生成绿色；不往釉料配方中添加任何着色剂时，会生成犹如蜡质般的缎面亚光白色。

灰绿变色釉

测温锥： 5号～6号
烧成气氛： 氧化气氛
外观： 半亚光
颜色： 绿色 / 灰色

成分	含量
透明填充料（Minspar）	50.00%
EPK 高岭土	20.00%
滑石	15.00%
碳酸钙	10.00%
氧化锌	10.00%
碳酸锂	2.00%
总计	100.00%

添加剂	
碳酸铜	3.00%

说明： 这种釉料搭配由瓷器坯料 / 白色黏土制作的作品时，烧成效果最佳。釉层较厚时会生成带有斑点的灰色；釉层较薄时会生成光滑的水绿色。

亚光绿松石色釉

测温锥： 6号
烧成气氛： 氧化气氛
外观： 亚光
颜色： 犹如绿松石般的蓝绿色

成分	含量
霞石正长石	70.75%
碳酸锶	26.78%
泽斯特利牌（Gerstley）硼酸盐	2.47%
总计	100.00%

添加剂	
碳酸铜	3.91%
膨润土	2.88%

低温釉料

邦比（Bumby）研发的油滴釉

测温锥：05 号～ 04 号
烧成气氛：氧化气氛
外观：开片
颜色：白色

成分	含量
碳酸镁	34.04%
泽斯特利牌（Gerstley）硼酸盐	32.98%
硼砂	26.60%
二氧化硅	6.38%
总计	100.00%

添加剂

硅酸锆	6.38%

说明：这种釉料具有开片特征。其外观犹如鳄鱼的皮肤，并不适用于装饰日用陶瓷产品。

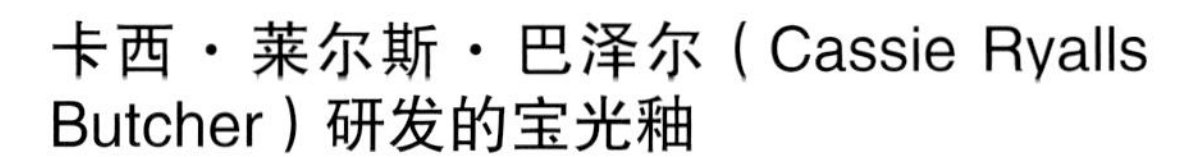

卡西·莱尔斯·巴泽尔（Cassie Ryalls Butcher）研发的宝光釉

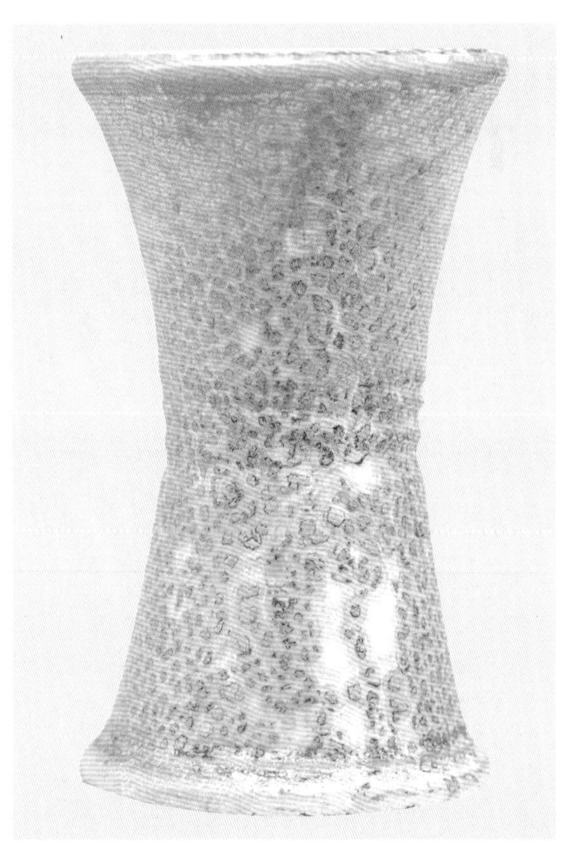

测温锥：05 号～ 04 号
烧成气氛：氧化气氛
外观：肌理间杂结晶
颜色：白色

成分	含量
碳酸镁	35.00%
冰晶石（有毒）	30.00%
碳酸锂	25.00%
硼砂	10.00%
总计	100.00%

添加剂

马森牌（Mason）6023 号着色剂	6.60%

说明：这种釉料具有开片特征。釉料配方由艺术家本人提供。

杰克（Jackie）研发的蓝色釉

测温锥： 05 号～ 04 号

烧成气氛： 氧化气氛

外观： 半亚光

颜色： 绿松石色

成分	含量
二氧化硅	42.00%
泽斯特利牌（Gerstley）硼酸盐	38.00%
碳酸锂	10.00%
霞石正长石	5.00%
EPK 高岭土	5.00%
总计	100.00%

添加剂

膨润土	2.00%
碳酸钴	2.00%

杰克（Jackie）研发的绿松石色釉

测温锥： 05 号～ 04 号

烧成气氛： 氧化气氛

外观： 半亚光

颜色： 绿松石色

成分	含量
二氧化硅	42.00%
泽斯特利牌（Gerstley）硼酸盐	38.00%
碳酸锂	10.00%
霞石正长石	5.00%
EPK 高岭土	5.00%
总计	100.00%

添加剂

碳酸铜	3.00%
膨润土	2.00%
红色氧化铁	1.00%

约翰（John）研发的蓝色釉

测温锥：05 号～04 号
烧成气氛：氧化气氛
外观：光滑的半透明效果
颜色：色调偏蓝的绿松石色

成分	含量
费罗牌（Ferro）3110 号熔块	77.00%
二氧化硅	10.00%
EPK 高岭土	7.00%
泽斯特利牌（Gerstley）硼酸盐	6.00%
总计	100.00%

添加剂

碳酸铜	2.00%

李（Lee）研发的黑色釉

测温锥：05 号～04 号
烧成气氛：氧化气氛
外观：半亚光 / 缎面效果
颜色：黑色

成分	含量
费罗牌（Ferro）3124 号熔块	30.00%
泽斯特利牌（Gerstley）硼酸盐	26.00%
霞石正长石	20.00%
碳酸锂	4.00%
EPK 高岭土	10.00%
二氧化硅	10.00%
总计	100.00%

添加剂

马森牌（Mason）6650 号着色剂	10.00%

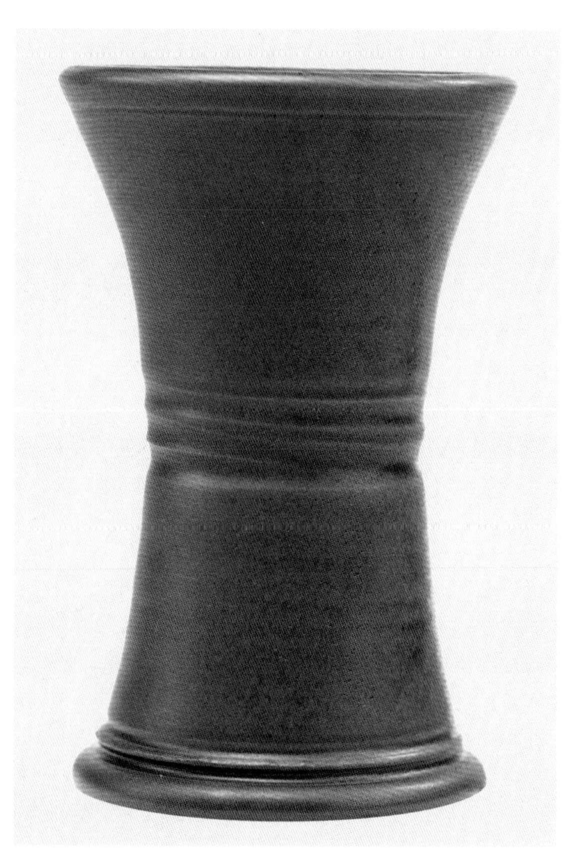

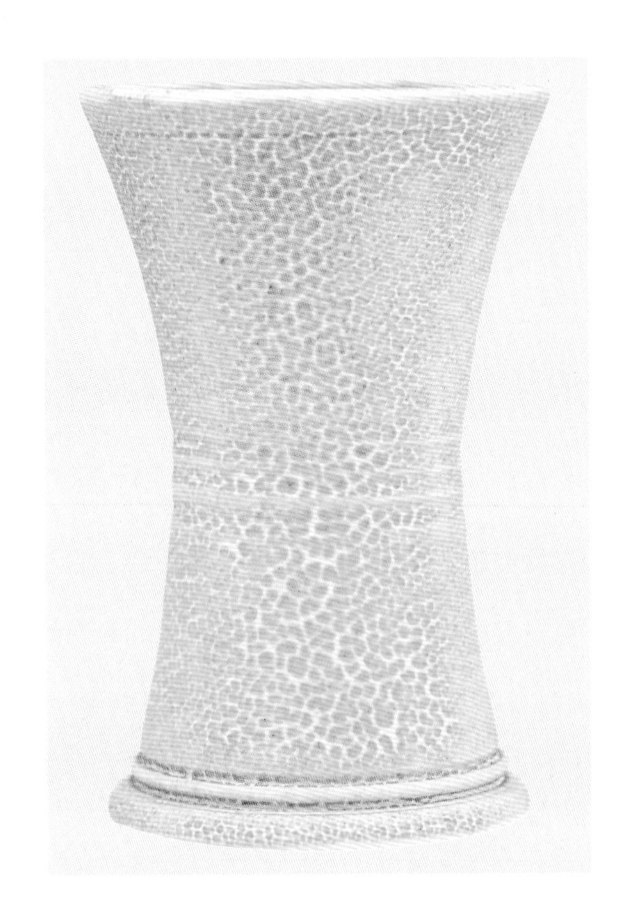

蜥皮釉

测温锥： 05 号 ~ 04 号
烧成气氛： 氧化气氛
外观： 开片
颜色： 半乳浊棕色 / 黄色

成分	含量
泽斯特利牌（Gerstley）硼酸盐	43.54%
霞石正长石	12.44%
二氧化硅	3.10%
硼砂	6.22%
碳酸镁	25.38%
碳酸锂	9.32%
总计	100.00%

添加剂	
红色氧化铁	3.96%

火花釉

测温锥： 05 号 ~ 04 号
烧成气氛： 氧化气氛
外观： 光滑
颜色： 棕色及琥珀色

成分	含量
费罗牌（Ferro）3124 号熔块	30.00%
泽斯特利牌（Gerstley）硼酸盐	26.00%
碳酸锂	4.00%
霞石正长石	20.00%
EPK 高岭土	10.00%
任实郡出品的 400 目二氧化硅	10.00%
总计	100.00%

添加剂	
赭石黄色着色剂	5.00%
西班牙出品的红色氧化铁	4.00%
二氧化锰	1.00%

瓦尔・库欣（Val Cushing）研发的石质缎面釉

测温锥：05 号～04 号
烧成气氛：氧化气氛
外观：缎面乳浊效果
颜色：白色

成分	含量
费罗牌（Ferro）3124 号熔块	44.12%
二氧化硅	14.71%
霞石正长石	14.71%
泽斯特利牌（Gerstley）硼酸盐	9.80%
滑石	4.90%
碳酸钙	4.90%
EPK 高岭土	4.90%
氧化锌	1.96%
总计	100.00%

说明：釉料配方由艺术家本人提供。

瓦尔・库欣（Val Cushing）研发的罗宾蛋蓝色釉

测温锥：05 号～04 号
烧成气氛：氧化气氛
外观：缎面乳浊效果
颜色：白色

成分	含量
费罗牌（Ferro）3124 号熔块	44.12%
二氧化硅	14.71%
霞石正长石	14.71%
泽斯特利牌（Gerstley）硼酸盐	9.80%
滑石	4.90%
碳酸钙	4.90%
EPK 高岭十	4.90%
氧化锌	1.96%
总计	100.00%

添加剂	
马森牌（Mason）6376 号着色剂	4.90%
碳酸铜	0.98%

说明：釉料配方由艺术家本人提供。

暖色透明釉

测温锥： 05 号～ 04 号
烧成气氛： 氧化气氛 / 还原气氛
外观： 半亚光
颜色： 透明

成分	含量
泽斯特利牌（Gerstley）硼酸盐	55.00%
EPK 高岭土	30.00%
燧石	15.00%
总计	100.00%

添加剂	
金红石	1.50%

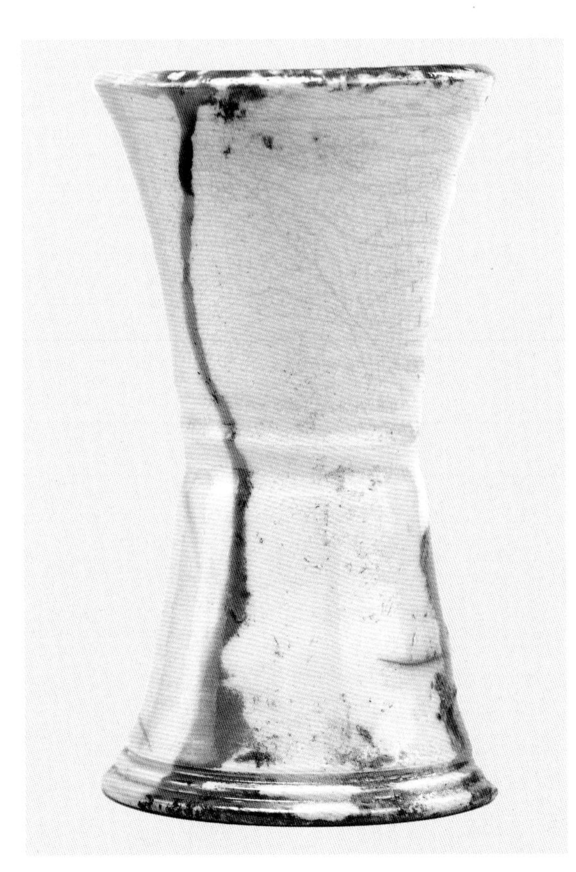

乐烧釉料

本节中介绍的各种釉料只适用于乐烧（参见 117 ～ 119 页相关内容）。

史蒂夫・洛克（Steve Louck）研发的乐烧开片釉

测温锥： 06 号
烧成气氛： 氧化气氛 / 还原气氛
外观： 光滑裂纹
颜色： 透明

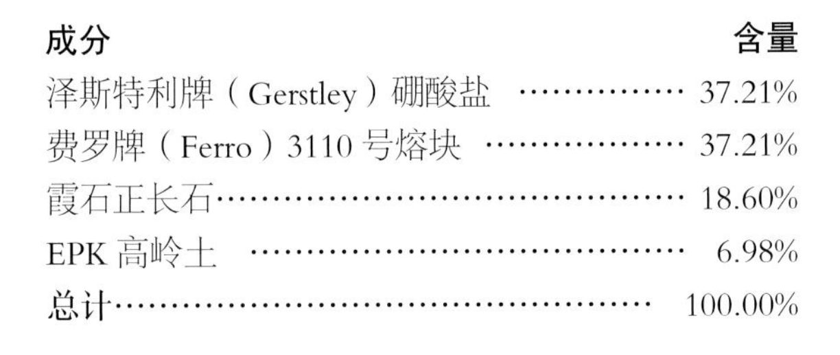

成分	含量
泽斯特利牌（Gerstley）硼酸盐	37.21%
费罗牌（Ferro）3110 号熔块	37.21%
霞石正长石	18.60%
EPK 高岭土	6.98%
总计	100.00%

说明： 釉液较黏稠时裂纹效果最佳，釉层厚度以 3mm 为宜。

暗红色亚光釉

测温锥：04 号
烧成气氛：氧化气氛 / 还原气氛
外观：亚光
颜色：暗红色

成分	含量
泽斯特利牌（Gerstley）硼酸盐	50.00%
滑石	30.00%
霞石正长石	20.00%
总计	100.00%

添加剂	
碳酸铜	3.00%
膨润土	2.00%

说明：釉层较薄时烧成效果最好，釉层较厚时呈绿色。釉层厚度以 3mm 为宜。

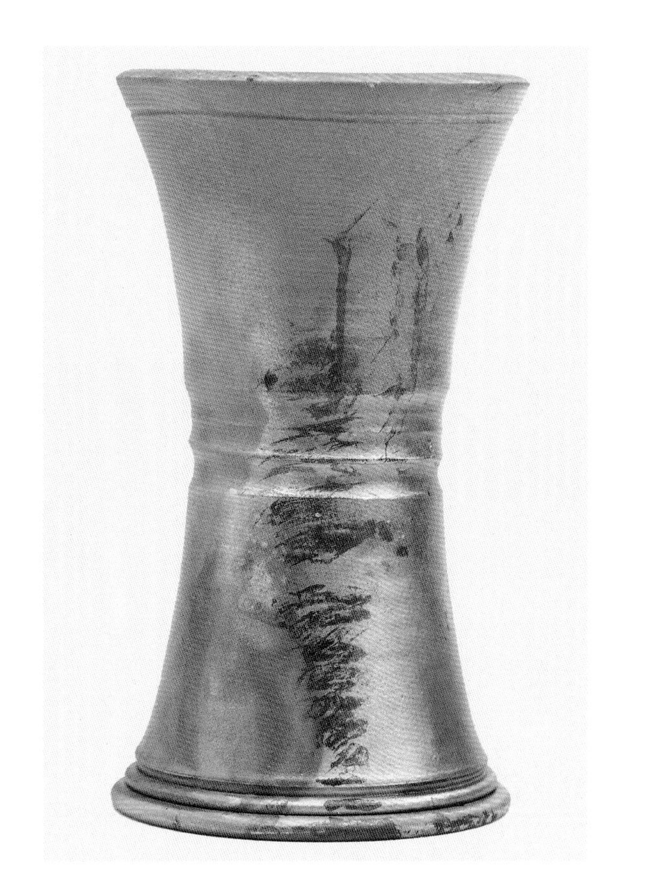

瑞克（Rick）研发的蓝红色釉

测温锥：04 号
烧成气氛：氧化气氛 / 还原气氛
外观：有光泽
颜色：散发蓝红色霓虹光泽

成分	含量
泽斯特利牌（Gerstley）硼酸盐	49.03%
碳酸锂	25.75%
锂辉石	25.22%
总计	100.00%

添加剂	
硅酸锆	23.84%
碳酸铜	1.61%
碳酸钴	1.61%
爱普生盐	0.76%

鳄鱼皮釉

测温锥：04 号
烧成气氛：氧化气氛 / 还原气氛
外观：开片
颜色：蓝绿色

成分	含量
泽斯特利牌（Gerstley）硼酸盐	66.67%
骨灰	33.33%
总计	100.00%

添加剂	
碳酸铜	8.33%
碳酸钴	8.33%

瑞克（Rick）研发的绿松石色釉

测温锥：04 号
烧成气氛：氧化气氛 / 还原气氛
表面：有光泽
颜色：绿松石色

成分	含量
泽斯特利牌（Gerstley）硼酸盐	39.81%
碳酸锂	20.49%
锂辉石	20.10%
霞石正长石	19.60%
总计	100.00%

添加剂	
硅酸锆	18.99%
碳酸铜	2.51%
爱普生盐	0.61%

淡柠檬黄色炫光釉

测温锥： 04 号
烧成气氛： 氧化气氛 / 还原气氛
外观： 光滑
颜色： 黄色

成分	含量
泽斯特利牌（Gerstley）硼酸盐	75.00%
钠长石	25.00%
总计	100.00%

添加剂	
碳酸铜	3.00%
二氧化锰	1.50%
膨润土	2.00%

皮彭堡裂纹釉

测温锥： 04 号
烧成气氛： 氧化气氛 / 还原气氛
外观： 裂纹
颜色： 白色

成分	含量
泽斯特利牌（Gerstley）硼酸盐	70.00%
霞石正长石	20.00%
燧石	10.00%
总计	100.00%

说明： 釉层较厚时裂纹效果最佳，釉层厚度以 3mm 为宜。

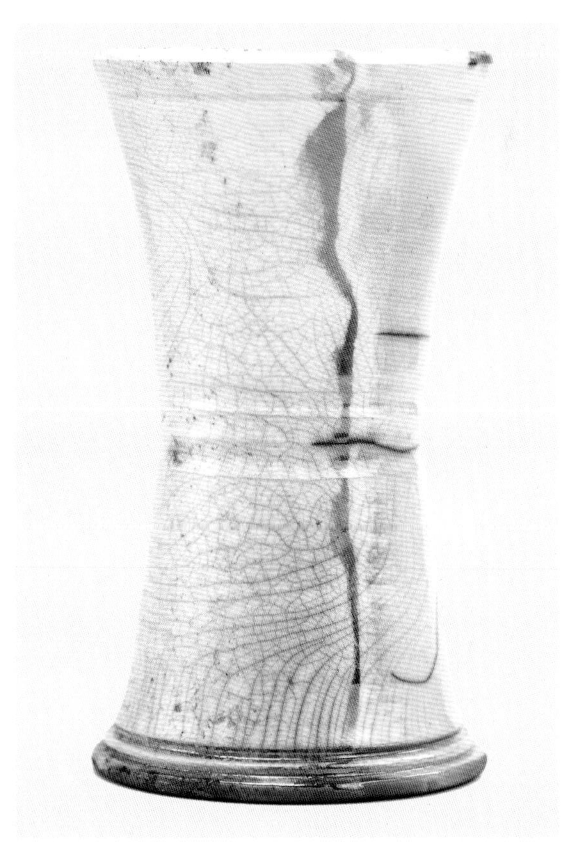

泥浆

除特殊情况或另有说明外，下述所有泥浆均适合涂在半干坯体的外表面上。

鲍尔（Bauer）研发的泥浆

测温锥：6号～10号

成分	含量
EPK高岭土	50.00%
OM-4型球土	50.00%
总计	100.00%

添加剂

添加剂	含量
硅酸锆	1.25%
硼砂	0.65%

鲍尔（Bauer）研发的橙色泥浆

测温锥：6号～10号

成分	含量
EPK高岭土	46.93%
OM-4型球土	46.93%
硼砂	6.14%
总计	100.00%

添加剂

添加剂	含量
硅酸锆	11.73%

赫尔默闪光泥浆

测温锥：6号～10号

成分	含量
赫尔默高岭土	50.00%
EPK高岭土	20.00%
霞石正长石	20.00%
二氧化硅	10.00%
总计	100.00%

添加剂

添加剂	含量
膨润土	2.00%

说明：盐烧/苏打烧时效果极佳。

亚光黄油色泥浆

测温锥：6号～10号

成分	含量
格罗莱戈牌（Grolleg）高岭土	88.89%
硼砂	11.11%
总计	100.00%

添加剂

添加剂	含量
硅酸锆	11.11%
二氧化钛	8.88%

说明：装饰素烧坯体时，涂层宜薄不宜厚。依照配方调配釉液之前，需先将硼砂溶解于水中。

利特·艾弗里（Lite Avery）研发的泥浆

测温锥：6号～10号

成分	含量
赫尔默高岭土	48.78%
卡斯特牌（Custer）长石	21.94%
OM-4型球土	14.64%
二氧化硅	14.64%
总计	100.00%

添加剂

添加剂	含量
膨润土	2.43%

红色泥浆

测温锥：6号～10号

成分	含量
赫尔默高岭土	63.73%
格罗莱戈牌（Grolleg）高岭土	19.60%
霞石正长石	14.71%
硼砂	1.96%
总计	100.00%

添加剂

膨润土…… 1.96%

适用于素烧坯体、挤泥浆技法的泥浆

测温锥：6 号 ~ 10 号

成分	含量
卡斯特牌（Custer）长石	70.00%
OM-4 型球土	20.00%
滑石	10.00%
总计	100.00%

说明：适用于素烧坯体。

#6 泰尔型高岭土（#6 Tile）泥浆

测温锥：6 号 ~ 10 号

成分	含量
#6 泰尔型高岭土（#6 Tile）	70.00%
霞石正长石	30.00%
总计	100.00%

添加剂

膨润土…… 3.00%

珀尔·曼（Poor Man）瓷泥泥浆

测温锥：04 号 ~ 6 号

成分	含量
二氧化硅	25.00%
G-200 长石	25.00%
EPK 高岭土	25.00%
OM-4 型球土	25.00%
总计	100.00%

鱼露泥浆

测温锥：04 号 ~ 10 号

成分	含量
EPK 高岭土	43.70%
二氧化硅	15.60%
透明填充料（Minspar）	23.50%
膨润土	9.40%
AMPS/AM 共聚物（Pyrotrol）	7.80%
总计	100.00%

想让它呈现黑色时须添加

红色氧化铁…… 3.00%

碳酸钴…… 2.00%

二氧化锰…… 2.00%

想让它呈现蓝色时须添加

碳酸钴…… 2.00%

想让它呈现绿色时须添加

碳酸铜…… 3.00%

奥地利泥浆

测温锥：04 号 ~ 6 号

成分	含量
#6 泰尔型高岭土（#6 Tile）	40.00%
OM-4 型球土	30.00%
200M 型二氧化硅	15.00%
卡斯特牌（Custer）长石	15.00%
总计	100.00%

沃尔科夫（Wolkow）泥浆

测温锥：05 号 ~ 2 号

成分	含量
EPK 高岭土	40.00%
OM-4 型球土	30.00%
卡斯特牌（Custer）长石	15.00%
二氧化硅	15.00%
总计	100.00%

想让它呈现灰白色时须添加

浅金红石…… 4.00%

想让它呈现黄色时须添加

马森牌（Mason）2022 号着色剂…… 10.00%

想让它呈现蓝色时须添加

碳酸钴…… 4.00%

想让它呈现绿色时须添加

碳酸铜…………………………………………… 3.00%

橙红色闪光泥浆

测温锥：10 号

成分	**含量**
赫尔默高岭土	50.00%
EPK 高岭土	20.00%
霞石正长石	20.00%
二氧化硅	10.00%
总计	100.00%

添加剂

膨润土……………………………………………… 2.00%

釉下彩、陶瓷着色剂（适用于擦洗法）、封面泥浆及其他配方

奥德赛 1/1/1 釉下彩

测温锥：04 号～10 号

成分	含量
EPK 高岭土	33.34%
费罗牌（Ferro）3124 号熔块	33.33%
着色剂或者氧化物	33.33%
总计	100.00%

氧化钴着色剂

测温锥：06 号～10 号

成分	含量
费罗牌（Ferro）3124 号熔块	50.00%
EPK 高岭土	50.00%
总计	100.00%
添加剂	
碳酸钴	25.00%

红色氧化铁着色剂

测温锥：06 号～10 号

成分	含量
费罗牌（Ferro）3124 号熔块	50.00%
EPK 高岭土	50.00%
总计	100.00%
添加剂	
红色氧化铁	50.00%

钴铁着色剂

测温锥：06 号～10 号

成分	含量
费罗牌（Ferro）3124 号熔块	50.00%
EPK 高岭土	50.00%
总计	100.00%
添加剂	
碳酸钴	50.00%
红色氧化铁	50.00%

氧化铜着色剂

测温锥：06 号～10 号

成分	含量
费罗牌（Ferro）3124 号熔块	50.00%
EPK 高岭土	50.00%
总计	100.00%
添加剂	
碳酸铜	50.00%

红艺黏土（Redart）封面泥浆

测温锥：04 号

成分	含量
红艺黏土	20.00%
水	80.00%
总计	100.00%
添加剂	
硅酸钠	2.35%

说明：在搅拌机内混合各类原料。将调配好的泥浆静置 24 ～ 48 小时，以便沉淀和分离。借助虹吸法将沉淀物的中间层吸出，被吸取出来的这部分便是封面泥浆。抛光可以令泥浆装饰层具有更加优良的品质。

窑具隔离剂

成分	含量
水合氧化铝	50.00%
进口煅烧高岭土（Glomax）	25.00%
EPK 高岭土	25.00%
总计	100.00%

自制垫板

成分	含量
EPK 高岭土	50.00%
水合氧化铝	50.00%
总计	100.00%

参考书目

The Art of Crystalline Glazing: Basic Techniques（Jon Price and LeRoy Price）

Ash Glazes（Robert Tichane）

The Ceramic Spectrum, A Simplified Approach to Glaze and Color Development（Robin Hopper）

Clay and Glazes for the Potter（Daniel Rhodes）

The Complete Guide to High-Fire Glazes: Glazing and Firing at Cone 10（John Britt）

The Complete Guide to Mid-Range Glazes: Glazing and Firing at Cones 4–7（John Britt）

The Complete Potter's Companion（Tony Birks）

Electric Kiln Ceramics: A Guide to Clays and Glazes（Richard Zakin）

Finding One's Way with Clay: Pinched Pottery and the Color of Clay（Paulus Berensohn）

Glazes Cone 6: 1 240°C / 2 264°F（Michael Bailey）

Glazes for Special Effects（Herbert H. Sanders）

Image Transfer on Clay: Screen, Relief, Decal, and Monoprint Techniques（Paul Andrew Wandless）

Mary Rogers on Pottery and Porcelain: A Handbuilder's Approach（Mary Rogers）

Mastering Cone 6 Glazes: Improving Durability, Fit, and Aesthetics（John Hesselberth and Ron Roy）

The Potter's Complete Book of Clay and Glazes（James Chappell）

The Potter's Complete Studio Handbook: The Essential, Start-to-Finish Guide for Ceramic Artists（Kristin Muller and Jeff Zamek）

The Potter's Palette: A Practical Guide to Creating Over 700 Illustrated Glaze and Slip Colors（Christine Constant and Steve Ogden）

Raku Art and Technique（Hal Riegger）

Raku Pottery（Robert Piepenburg）

Reds, Reds, Copper Reds（Robert Tichane）

Salt-Glazed Ceramics（Jack Troy）

Smashing Glazes: 53 Artists Share Insights and Recipes（Susan Peterson）

Those Celadon Blues（Robert Tichane）

鸣谢

俗话说“人多力量大”，本书得以出版离不开众多挚友的鼎力相助。汤普·赫恩（Thom O' Hearn）和迈克尔·克莱恩（Michael Kline）耗费无数时间帮忙编辑文稿。在本书的写作过程中，约翰·布里特（John Britt）不吝赐教，他传奇般的专业技能是本书最为宝贵的信息资源。在字里行间，蒂姆·罗宾逊（Tim Robison）拍摄的陶艺作品图片显得格外出众，感谢你深谙本书背后的审美观。在这些图片的映衬下，这本书看起来棒极了！书中用于试烧釉料的试片全部是安雅·巴特尔斯（Anja Bartels）拉制的平底口杯。阿南达·斯普林斯汀（Ananda Springsteen）及瑞贝卡·克莱恩（Rebecca Kline）在过去的一年里数度回应我的咨询，即便是凌晨打扰也从未拒绝过。特别感谢布莱恩（Brian）和盖尔·麦卡锡（Gail McCarthy），感谢两位的指导及奥德赛陶瓷学校一如既往的支持。最后，我要感谢奥德赛陶瓷学校每一位优秀的教师，以及所有为本书提供作品图片的杰出艺术家们。诸位的杰作给予我无限灵感，给予我继续前行的无限动力。我由衷感谢大家。